普通高等教育教材

化学工程与工艺专业实验

曹云丽　王莉　王大勇　编

化学工业出版社
·北京·

内容简介

《化学工程与工艺专业实验》涵盖了绪论、化工热力学实验、化学反应工程实验、分离工程实验、专业特色实验、创新综合实验等六部分内容。

本书在内容安排上既有化工专业课程的经典实验内容，如化工热力学实验中的CO_2临界状态观测与p-v-T性质测定、气液平衡数据测定、气相色谱法测定无限稀释活度系数、压缩制冷性能测定实验，化学反应工程实验中的变压吸附、催化剂内扩散有效因子测定、内循环无梯度反应等，分离工程实验中的共沸精馏、萃取精馏、纳滤和反渗透膜分离实验；又体现了地方院校的专业特色，融入行业特色鲜明的专业实验，如热塑性塑料双螺杆挤出机造粒、热塑性塑料维卡软化温度的测定及固体润滑材料摩擦性能的测定实验；同时还适当地引入了创新综合实验，如超临界流体萃取、环己烷氧化为环己酮反应催化剂的开发、光催化降解工业废水催化剂的开发及超级电容器的组装及性能测试实验。以上实验内容的安排旨在培养学生解决复杂工程问题的能力。

本书可作为高等院校化学工程与工艺及相关专业的实验教材，也可供从事化工生产、设计和科研的技术人员参考。

图书在版编目（CIP）数据

化学工程与工艺专业实验 / 曹云丽，王莉，王大勇编. -- 北京 : 化学工业出版社，2025. 8. --（普通高等教育教材）. -- ISBN 978-7-122-48597-7

I. TQ016

中国国家版本馆 CIP 数据核字第 2025NA6109 号

责任编辑：任睿婷　　文字编辑：王玉丽
责任校对：李雨晴　　装帧设计：韩　飞

出版发行：化学工业出版社
（北京市东城区青年湖南街 13 号　邮政编码 100011）
印　　装：北京科印技术咨询服务有限公司数码印刷分部
787mm×1092mm　1/16　印张 8　字数 189 千字
2026 年 1 月北京第 1 版第 1 次印刷

购书咨询：010-64518888　　售后服务：010-64518899
网　　址：http://www.cip.com.cn
凡购买本书，如有缺损质量问题，本社销售中心负责调换。

定　　价：33.00 元

前言

针对应用型本科高校学生当前存在的“理论知识与工程实践两张皮”“工程实践流于形式与表面”“缺乏独立思考和解决复杂工程问题的能力”等诸多问题，化工专业实验课程的开设与具体教学实施尤为重要。化学工程与工艺专业实验是化工专业最重要的实验课程之一，是从专业基础理论到实际应用的重要教学环节。

化学工程与工艺专业实验不同于化工专业基础实验（化工原理实验），在内容上具体包含化工热力学实验、化学反应工程实验、分离工程实验、专业特色实验，涵盖了化工专业课程的大部分实验，主要使学生能将理论知识应用到实践中，加深对理论知识的理解。在教材内容上结合河南省及平顶山市行业优势，融入了尼龙化工行业中的案例设计实验，具有典型的学科特色与专业特色，同时教材也吸纳了授课教师的科研项目，为学有余力的学生开设创新综合实验。整合后的教材内容循序渐进，既能体现专业理论知识的具体应用，又能培养学生独立思考、自主设计、团队协作与实践的能力。教材内容重应用、强实践，着重培养学生的构思、设计、实现和运作（CDIO）能力，切实实施 CDIO 工程教育理念。

本课程在教学过程中注重对学生应用实践能力的培养，首先为每个实验项目制定了可衡量、可评价的实验目的，设置了实验项目思考题，要求学生在实验前根据实验目的预习实验内容，在实验过程中完成实验项目思考题，评价实验目的是否达成。

本书由平顶山学院化学与环境工程学院教师曹云丽、王莉和中国平煤神马集团的王大勇编写，各章节的编写情况如下：第一章、第二章、第四章、第六章（实验一、实验二、实验三）由曹云丽编写，第三章、第六章（实验四）由王莉编写，第五章由王大勇编写。

平顶山学院化学与环境工程学院化学工程与工艺教研室的其他同事在本书编写过程中给予了热心的支持与帮助。另外，材料科学与工程教研室的曹可生、杜祥祥对第五章实验的编写提出了宝贵意见。平顶山学院化学与环境工程学院化学工程与工艺专业 2019 级的韩宇梁同学对教材中的图进行了绘制。莱帕克（北京）科技有限公司对教材实验内容的编写也给予了很大帮助。在此一并表示感谢。

本书由平顶山学院获批的河南省一流专业“化学工程与工艺”项目、平顶山学院尼龙新材料学院自编教材项目提供资金支持。

由于编者水平有限，书中难免有不妥之处，敬请读者批评指正。

编者

2025 年 6 月

目录

第一章

绪论

第一节　化工专业实验的目的

化学工程与工艺专业（以下简称为化工专业）的实验课程是高校化学化工人才培养体系中一门重要的实践类课程，是从专业基础理论到实际应用的重要环节。化工专业实验不同于化工专业基础实验，其实验目的不再单单是验证性地观察现象、证实原理、发现规律，而是应用基础理论来解决一个或几个具体的化学工程或工艺问题，涉及的研究对象是复杂的化学工程问题。

在当前工程教育专业认证的大环境下，化工专业实验课程的目的不仅是使学生掌握化工实验的基本操作和技能，还能培养学生综合分析、设计，以及团队协作开展研究的能力。

根据国际工程教育专业认证的要求，应用型本科高校人才培养重在应用能力与创新精神的培养，因此在对近三年省内外应用型本科高校人才培养需求进行问卷调研后，本书编者合理重构、优化了学习内容。在内容设置上包含了绪论模块、化工热力学实验模块、化学反应工程实验模块、分离工程实验模块、专业特色实验模块、创新综合实验模块等内容。教材内容既能体现专业理论知识的具体应用，又能培养学生独立思考、自主设计、团队协作与解决实际工程问题的能力。教材内容重应用、强实践，符合 CDIO 工程教育理念的要求。

根据国际工程联盟《华盛顿协议》对工程类本科毕业生提出的 12 条素质要求，我国制定的《工程教育认证标准（2024 版）》提出了相应的 12 条毕业要求。本教材结合应用型本科高校的人才定位，依据 12 条毕业要求，制订了化工专业实验的学习目标，如下所述：

① 能够运用化工热力学、化学反应工程、分离工程和化工工艺的专业知识与原理，并利用查阅得到的文献资料，对特定复杂化学工程问题的解决提出多种可能的方案；

② 具有实验方案设计能力，能够利用已有实验数据对所设计的实验方案进行分析、比较和评价；

③ 能够根据实验方案构建实验系统，安全、有效地开展实验；

④ 能够掌握专业常用仪器的基本原理、使用方法及适用范围，相关工程计算软件和设计软件、数据处理软件的运用，并了解其局限性；

⑤ 能够安全地开展实验，正确地采集实验数据，解释实验现象，分析实验结果，得出合理结论；

⑥ 能够理解多角色团队中每个角色的含义，在团队中承担相应工作。

上述学习目标要求我们依据已经学习过的理论知识，通过查阅文献、总结资料、团队协作选择合理的实验方法，设计实验方案与实验路线，根据实验方案选配实验设备，团队协作开展实验，结合现代分析仪器与检测手段收集记录实验数据并解释实验现象，选择恰当的数据处理软件对实验结果进行分析，最终获取有价值的实验结论。

第二节　实验设计与数据处理

对于化工专业实验来说，其实验目的主要是解决一个具体的具有工程性质的化学工程或工艺问题，因此在实验内容上主要包含实验技术路线的选择与设计、实验设备的选择、实验方法的选择与实验数据的处理四个方面的内容。

实验技术路线的选择与设计主要是指对于一个具体的实验项目，要经历查阅文献、比较分析、优化设计等步骤，最终获得一条合理可行的实验技术路线。对于化工专业实验，一个实验项目可能有多种实验路线，尤其是设计型实验，需要查阅文献，比较分析实验方案，最终确定合理可行的实验路线，并在实验室完成具体的实施过程。例如分离工程中的特殊精馏实验，要求分离去除乙醇与水混合液中的水，从而制取无水乙醇。对于上述分离首先要求查阅文献，结合前人的研究，根据溶液组成性质选择合适的特殊精馏方式，如萃取精馏或共沸精馏，从而设计一条合理的实验技术路线。

如果实验路线已定，则实验技术路线的设计就无须进行，此时实验设备肯定也是固定的设备；反之，若实验技术路线需要自行设计，则需要根据设计的实验技术路线选择合适的实验设备来进行实验。如上述无水乙醇的制备实验，就需要根据设计的实验技术路线来选择使用萃取精馏设备还是共沸精馏设备。

实验方法的选择主要是指在实验过程中为了达到实验目的选择实验因素（或变量），常见的实验因素（或变量）有温度、压力、反应时间、原料组成等。要考察的实验因素可选择的具体数值称为因素的水平。如何优化选择各个因素的水平值，就需要根据考察的因素个数选择实验方法，涉及的实验方法有单因素优选法、多因素优选的正交实验法等。

实验数据的处理主要是对实验过程中记录的数据进行整理、分析与评价，最终得到一个可靠、正确的实验结论。此过程包含实验误差的分析、实验数据的计算与图形绘制、实验结果的分析与评价等内容。

下面重点讨论实验方法的选择与实验数据的处理两方面的内容。

一、实验方法的选择

单因素优选法是最常用也是最简单的一种因素优选实验方法。实验的任务是在一个可能

包含最优点的范围 $[a, b]$ 内寻找这个因素的最优值，实验点位置可以采用黄金分割法、分数法、均分法、对分实验法等来确定。即每次实验只改变一个因素的水平值，其他因素保持不变，借此考察该因素的影响。因此要完成所有因素的考察实验，实验次数 n、因素数 N 和因素水平数 K 之间的关系为 $n=K^N$。例如一个 3 因素 5 水平的实验，其实验次数 n 就是 $5^3=125$。由此可见，对于多因素多水平的实验，实验工作量非常大。当影响实验的因素只有一个时，选择该方法比较合适，但是若影响实验的因素不止一个时，除了实验工作量大外，该方法最终获得的因素优选值也没有考虑各因素之间的相互影响。

大多数情况下影响实验指标的因素不止一个，当只考虑一个影响实验指标的决定性因素，其余因素都固定在理论或经验的最优水平时，仍可以用单因素优选法。但是当所有因素对实验都有重要影响时，就需要进行多因素优选实验设计，尽可能地考虑多种因素，每个因素考虑多个水平，同时也要使实验次数尽可能地少，找出影响实验的因素规律，确定哪些因素的影响显著，哪些因素的影响不够显著，进而确定最佳的实验条件。正交实验法是处理此类问题的一种有力工具。

正交实验设计是分式析因设计的主要方法，是一种高效率、快速、经济的实验设计方法。日本著名的统计学家田口玄一将正交实验选择的水平组合列成表格，称为正交表。正交表具有下列性质：①每一列中，不同的数字出现的次数相等；②任意两列中数字的排列方式齐全而且均衡。以上两点充分体现了正交表的两大优越性，即均匀分散性和整齐可比性。通俗地说，即每个因素的每个水平与其他因素的每个水平各碰一次，这就是正交性。

正交表是一种特殊的表格，习惯用特定的记号来表示，$L_9(3^4)$ 的含义如图 1-1 所示。

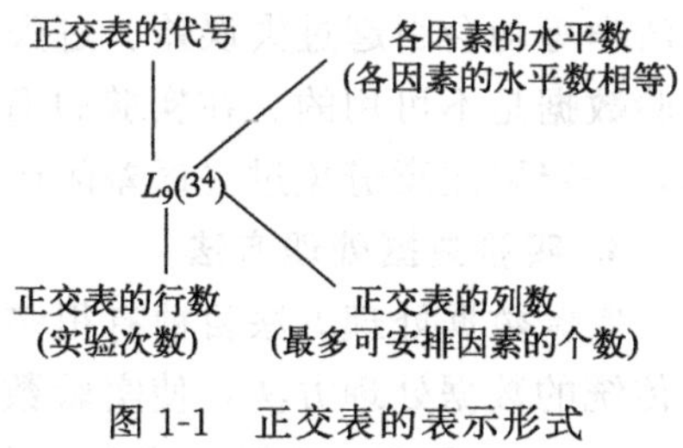

图 1-1 正交表的表示形式

$L_9(3^4)$ 的含义就是需做 9 次实验，每个因素取 3 个水平，最多可安排 4 个因素。常见的正交表可以参考相关教材。

当确定好需要考察的实验因素与各因素的水平数后，选择合适的正交表进行实验，实验结束后对实验结果进行分析，通过极差分析确定影响实验指标因素的主次顺序，再通过方差分析评价因素主次顺序及交互作用结果中的误差是否显著。具体设计思路可以参考相关书籍。

二、实验数据的处理

1. 误差与准确度

在实验过程中采集的实验数据（x_i）与测定对象的真实值之间总是有差别的，两者之间的差异即为实验误差（error）。也就是说误差是测量结果与真实值的接近程度，是测量结果与真实值的差值。真实值是客观存在的，可分为科学规定真实值、标准真实值、理论真实值。因为真实值在实际实验过程中是无法获得的，是可趋近而不可达到的哲学概念，常用纯物质的理论值、国家标准局提供的标准参考物质证书上给出的数值、统计学中多次测定结果的平均值（$\overline{x}_i$，mean）来替代真实值。

误差的大小可用绝对误差 E(absolute error) 和相对误差 RE(relative error) 表示。其表示形式如下所示：

$$E = x_i - \overline{x}_i \tag{1-1}$$

$$\mathrm{RE} = \frac{x_i - \overline{x}_i}{\overline{x}_i} \tag{1-2}$$

测定的平均值与真实值的接近程度称为准确度，误差越小表示准确度越高。用相对误差表示各种情况下测定结果的准确度更为确切。

2. 误差的分类

误差按照来源与性质可以分为三类：系统误差、随机误差、过失误差。

系统误差是由较确定的原因引起的，也称为可测误差，在实验过程中产生的误差值恒定不变或遵循一定的变化规律，对结果的影响不变。如用未经校准的 pH 计测量溶液的酸碱性、用未经纯化的化学试剂进行化学分析、用未经校核的热电偶测量温度等都会产生系统误差。系统误差具有重复性、方向性、恒定性、可校正性等性质，即系统误差会在多次测定中重复出现，测定结果总是偏高或偏低，对结果的影响恒定，可以采用不同的方法进行校正或消除误差。

随机误差是由不确定的原因引起的，也可称为偶然误差。在实验过程中产生的误差值不固定，对结果的影响也是随机的。如环境的变化、操作人员的变化等均会引起随机误差。随机误差具有时大时小、可正可负的性质，但可以统计其规律性。随机误差不像系统误差可以校正或消除，只能通过增加测量次数来限制或减小其影响。

过失误差是一种显然与事实不符的误差，在实验中有时出现个别明显错误的数据，往往是由实验者的操作不当或不认真引起的。例如读错实验数据、滴加试剂的量不对、实验仪器不洁净等均会引起过失误差。过失误差会对实验结果造成严重影响，但忽略过失误差获得的实验数据是不可用的。在实验过程中一定要认真细心，严格按照实验操作规程进行实验操作，一定要注意避免过失误差的产生。

3. 实验数据处理方法

实验数据处理方法目前有很多种。随着计算机技术的普及应用，许多数据处理软件替代了传统的数据处理方法，使实验数据的处理更加简单和准确。常用的数据处理软件有 Matlab、Origin 和 Excel 等。其中，前两种软件的数据处理功能非常强大。Matlab 的特点是可以编写简洁的小程序；Origin 的特点是具有强大的绘图功能；Excel 具有方便性和普遍性，对于简单的数据处理过程更适用。鉴于化工专业的学生普遍都会学习“实验设计与数据处理”课程，其中有详细的数据处理方法与步骤，在此不再赘述。

第三节　化工专业实验的安全操作及事故防范

化工专业实验室属于化学化工类实验室，实验室的安全操作非常重要。实验室内各种实验药品（试剂）、不同种类的分析仪器设备、可能存在的高温高压及放射性环境等均会带来实验安全隐患。因此提高实验安全操作意识，对实验室的正常运行、实验的顺利开展具有重要意义。

一、使用化学试剂的安全操作

在化工专业实验室进行实验操作时要将一切化学品先视为具有潜在危害的化学品，尤其是对于不熟悉的试剂，使用时要做好防护，尽可能减少口鼻吸入和皮肤接触。需牢记以下操作注意事项：

① 使用化学试剂时首先应了解试剂的物化性质、危险等级等信息；

② 使用危险化学品时应佩戴防护手套；

③ 不可品尝化学试剂，不要直接接触容器口去嗅化学试剂的气味，应保持适当距离，摆动手掌将少许气味引向鼻孔，不要闻未知毒性的试剂；

④ 不要用嘴来吸移液管或填充虹吸管，应使用洗耳球或抽气机；

⑤ 对于低沸点的液体（如氯仿、乙醚、丙酮等），容器内不可装太满，不可置于日晒或高温处，开启这类容器时勿使瓶口正对人身；

⑥ 装有化学试剂的容器必须保证标签完好，标签内容包含试剂名称、纯度、分子量、密度等，使用时应仔细阅读标签；

⑦ 量取化学试剂时，应小心规范操作，若有遗洒，应立即清理干净。

二、使用玻璃器皿的安全操作

化工专业实验室经常使用玻璃仪器，在使用过程中如果操作不当也会造成意外伤害，应牢记以下操作注意事项：

① 使用前应检查玻璃器皿是否完好无损，如果有裂纹或破损应及时更换，使用过程中应轻拿轻放以防打碎；

② 玻璃管与橡胶塞或橡胶管连接时应注意防护，应佩戴手套或垫毛巾进行操作，橡胶塞打孔过小时不可强行插入玻璃管，应涂些凡士林或重新打孔；

③ 加热试管时，注意管口不要对人，以防溶液溅出伤人；

④ 量筒、试剂瓶、培养皿等玻璃制品不可在火上或电炉上加热，不可在试剂瓶或量筒中稀释浓硫酸或溶解固体试剂；

⑤ 灼热的器皿放入保干器时不可马上盖严，应暂留小缝适当放气，挪动保干器时应双手操作，并用两手的大拇指按紧盖子，以防滑落打碎；

⑥ 操作真空或密封的玻璃仪器时应格外小心。

三、实验设备设施的危险性

化工专业实验室内的设备与其他化学实验室有相似的地方，如都要用到化学试剂、玻璃仪器及常见实验设备（如离心机、真空泵等）。除此之外，化工专业实验室还会用到涉及高速、高温、高压的特殊设备，需要熟知设备危险性，牢记操作安全规程。下面分别就压力设备、温度设备、电气设备的危险性作简单介绍。

1. 压力设备

压力设备主要是指压力容器，器壁内外存在一定压力差的密闭容器均可称为压力容器。化工专业实验室的压力容器主要是指气体钢瓶、高压反应釜、反应罐或反应器等。

压力容器内外壁的压力差称为压力载荷，其数值大小表示压力容器所能承受的压力大小。压力容器发生泄漏、爆炸的危险性，与压力载荷，容器内盛装的介质，容器容积、结构、用途有关。

压力容器的工作压力指容器在正常使用过程中所能承受的最高压力。工作压力越高，或者容器的容积越大，当容器爆炸时气体膨胀所释放的能量也越大，造成的危害就越严重。

压力容器设计是按预定的使用压力设计的，其壁厚能允许承受的压力为最高使用压力。也就是说只要在压力容器的使用压力范围内使用，压力容器就不会遭到破坏；反之，容器内压力大于使用压力、减压阀失灵或操作失误、高压气体进入压力容器、压力容器受热温度升高等情况均会使压力容器超压，发生泄漏或爆炸等危险事故。

压力容器在使用时应满足以下要求：操作人员必须经过严格培训，应熟知压力容器如气瓶、高压反应釜等设备的基础知识；实验必须在有防护措施的实验室进行；定期检查压力容器的运行记录，做好巡检和维护保养；对于压力容器内的物质或反应，操作人员要预先了解相关性质及物质之间可能引起的物理或化学变化，能预判可能发生的意外并给出防护措施；避免由错误操作引起超温超压等事故的发生；如果在实验过程中发生泄漏现象，切记不要在工作状态（高压状态）下拆卸设备附件，应迅速请有专业经验的人员进行检修。

2. 温度设备

温度设备主要指的是实验室里进行高温或低温操作的设备，如马弗炉、管式炉、高温高压反应釜、油浴锅、水浴锅、加热套、加热板、干冰或液氮冷却设备等，这类设备通常还伴随着高压、低压操作，因此在实验操作过程中一定要牢记设备操作规程，严防烧伤、冻伤、火灾、爆炸等危险。

3. 电气设备

实验室中常用的电气设备有离心泵、柱塞泵、蠕动泵等各种泵类设备，烘箱、恒温水箱、离心机、气体发生器、风机、机械搅拌器、磁力搅拌器等，以及设备附带的各种电气仪表控制柜。

在使用电气设备时应严防触电事故的发生，应在使用设备之前用试电笔检查电器、仪表、机械设备是否漏电，一旦发现漏电，应马上停止使用，进行维修。高压电器设备应有接地措施，起到安全泄电作用。在使用电气设备时要随时观察设备运转情况，一旦有异常声响、气味、打火、冒烟等现象出现，要立即关机，停止使用，待查明原因、排除故障后再继续使用。对于恒温水箱、磁力搅拌器、机械搅拌器等电气设备，使用结束后要随手切断电源，防止空转、干烧等现象的发生。对于一些带有转动轴的电气设备，使用过程中一定要避免出现卷绕、绞缠现象。

四、实验人员安全常识

实验人员的安全意识和规范操作是保证实验室安全的关键。对实验人员的安全教育，对实验路线的设计与危险性的判定等环节是切实保证实验室安全的重要手段。

1. 对实验人员的安全教育

实验人员的安全教育主要包括以下几个方面：

① 国家、地方和行业相关法律法规和规范等的学习；

② 实验室内水电配备、实验管路与气路等房间布局的安全性学习；

③ 实验前了解实验药品的性质、危害、注意事项，学习仪器设备安全操作规程；

④ 对实验路线涉及的反应、过程的特点，以及可能发生的危险等内容，要事先熟悉掌握，保证实验过程的安全和绿色；

⑤ 对实验废弃物进行安全处理，保证处理后的实验废弃物对环境没有危害，整个实验

过程安全、绿色、清洁；

⑥ 定期进行心理教育，实现行为的有效管理，避免因实验人员的行为、情绪等意外因素造成不可预测的安全隐患。

2. 对实验路线的设计与危险性的判定

化工专业实验可以分为验证型实验、设计型实验和科研创新型实验。对于验证型实验，实验路线事先已定，实验人员需要对其可能存在的危险进行判定，应避免在实验过程中发生此类危险。对于设计型实验，需要设计实验路线，在设计实验路线时首先要确定实验目的，根据实验目的合理设计实验路线。在此过程中，要考虑原料的物理化学性质、对环境及人体的危害等，还要考虑路线的可操作性、安全性、经济性及是否绿色环保等。对于科研创新型实验，也需要设计合理的实验路线。在设计路线的过程中首先要进行充分的文献调研，进行实验路线的创新，要从原料、溶剂、反应过程、产品分离、废弃物处理等方面保证实验路线满足绿色、安全、可行的要求。

实验路线危险性的判定一般要从以下几个方面进行：

① 实验路线涉及的反应底物、溶剂、催化剂、反应中间体、产物等的危险性及其相互作用危险性的判定；

② 实验路线涉及的整个反应过程的温度、压力等实验条件的危险性判定，特别是气体参与的反应，更要随时观察反应温度、压力的变化，以防发生爆炸、燃烧等危险事故；

③ 实验路线涉及的实验设备危险性的判定，判定设备参数是否能使整个过程正常运行；

④ 其他方面诸如反应规模、反应后处理等也要进行危险性判定，以保障整个实验路线的安全、绿色、可行。

第二章

化工热力学实验

实验一　CO_2 临界状态观测与 p-v-T 性质测定

一、实验目的

1. 能清晰说出 CO_2 临界状态的测定方法，加深对临界状态概念的认识。

2. 能准确解释 CO_2 工质热力学状态以及凝结、汽化、饱和状态等基本概念。

3. 能通过测定 CO_2 的 p-v-T 关系获取临界参数 p_c、v_c、T_c，并能绘制 CO_2 等温线，总结用实验测定实际气体状态变化规律的方法和技巧。

4. 能熟练使用活塞式压力计、恒温器等仪器。

二、实验原理

如图 2-1 所示，随着压力和温度的变化，物质呈现固态、液态和气态三种相态。图中 t 点为气-液-固三相共存点，根据相律，三相点的自由度为 0，即每个纯物质只有一个三相点。汽化线终止于临界点 C 点，当物质温度高于临界温度 T_c、压力高于临界压力 p_c 时，物质即为超临界流体状态，此时不分气液，体系性质变得均一。图 2-1 中阴影区域即超临界流体区。

本实验项目拟测定 CO_2 的等温线，图 2-2 为 CO_2 的等温线标准曲线图。温度较高（50℃）时，将一定量的 CO_2 等温压缩不能将其液化，其状态变化与理想气体的情况比较接近，等温线是一条平滑的曲线，如图 2-2 曲线 MN 所示，接近于等边双曲线；当温度降低（35℃）时，在等温压缩过程中，实际气体的状态变化和理想气体的差别越来越大，如图 2-2 曲线 AB 所示。当温度继续降低（20℃）时，在等温压缩过程中，会出现气液相变过程，如图 2-2 曲线 $UVWX$ 所示。等温线中有一条水平线段 VW，水平线段的端点 W 表示气体开始

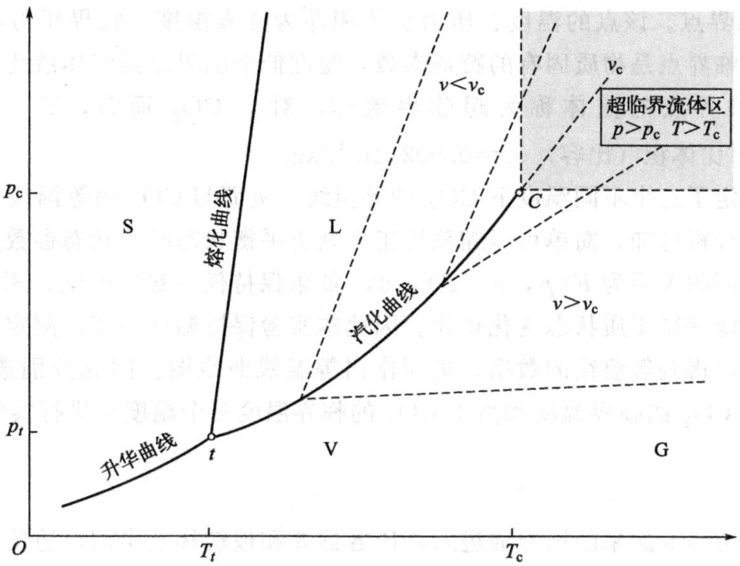

图 2-1 纯流体的 p-T 图

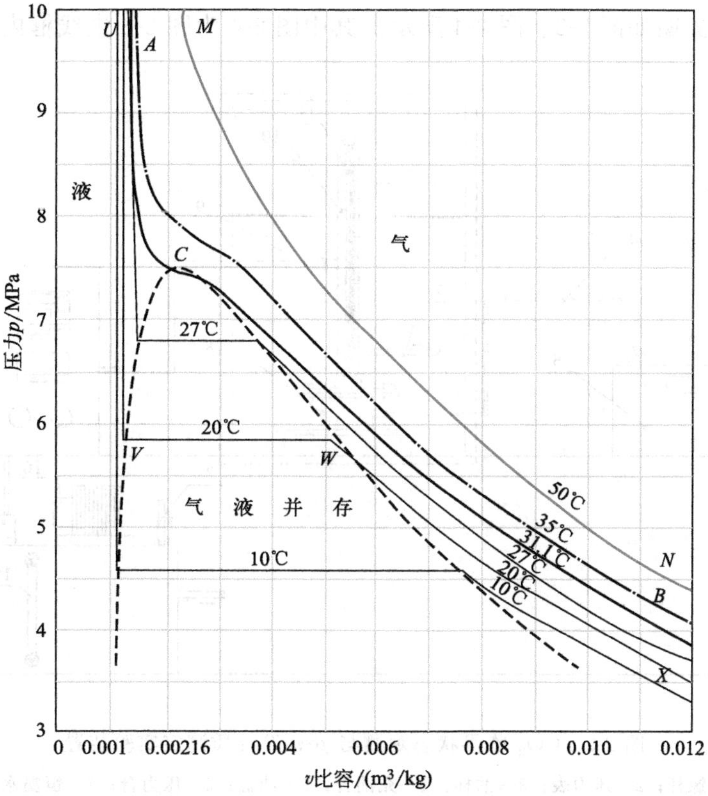

图 2-2 CO_2 p-v-T 关系标准实验曲线图

发生相变生成液体。沿水平线段 VW 继续增大压力，CO_2 气体的体积进一步缩小，不断有气体凝结成液体，但温度和压力此时均保持不变，直到气体全部变为液体。即水平线段两个端点间 CO_2 所处状态为气液共存的饱和状态，两个端点分别代表互为共轭的饱和气体与液体。当温度从低到高逐渐上升时，等温线上的水平线段逐渐缩短，最后汇聚成一个点（点

C)，该点即为临界点。该点的温度、压力、体积即为临界温度、临界压力和临界体积。由上面介绍可知，临界点是物质固有的特征参数，温度低于临界点是气体液化的必要条件。温度、压力高于临界点的流体称为超临界流体。对于 CO_2 而言，$T_c=31.1℃$，$p_c=7.376MPa$，临界比体积（比容）$v_c=0.00214m^3/kg$。

本实验拟测定了三个不同温度下 CO_2 的等温线，进而与 CO_2 的等温线标准实验曲线图作对比。由上述分析可知，简单可压缩系统工质处于平衡状态时，状态参数压力、温度和比体积（比容）之间的关系为 $F(p, v, T)=0$，如果保持任一参数恒定，测出剩余两个参数之间的关系，就能获得工质状态变化规律。因此本实验保持温度不变，测定比体积与压力的对应数值，就可以得到等温线的数据，进而作出等温线曲线图。因此分别选取低于 CO_2 的临界温度、等于 CO_2 的临界温度和高于 CO_2 的临界温度三个温度点进行实验。

三、实验装置

实验中由压力台 6 送来的压力油进入高压容器 8 和玻璃杯上半部，迫使水银进入预先装有 CO_2 气体的承压玻璃管（毛细管）11，CO_2 被压缩，其压力和体积通过压力台上的活塞螺杆 1 的进退来调节。温度由恒温玻璃管 10 内的恒温水调节，恒温玻璃管的恒温水由恒温水槽 17 供给。装置图如图 2-3、图 2-4 所示。其中图 2-4 为图 2-3 虚线框内装置的放大图。

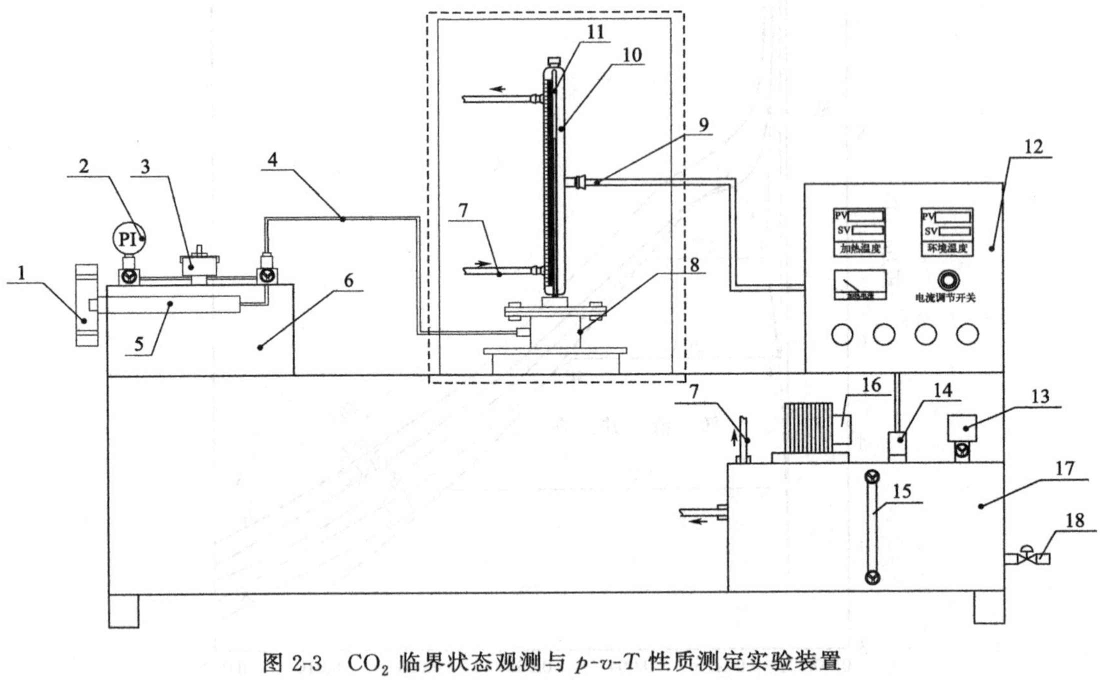

图 2-3　CO_2 临界状态观测与 p-v-T 性质测定实验装置

1—活塞螺杆；2—压力表；3—油杯；4—充油管；5—油缸；6—压力台；7—恒温水进水管；8—高压容器；9—热电偶；10—恒温玻璃管；11—承压玻璃管（毛细管）；12—控制仪表箱；13—进水口；14—测温计；15—液位计；16—离心泵；17—恒温水槽；18—排水口

CO_2 的压力由压力台 6 上的压力表 2 读出（绝对压力=表压+大气压），温度由恒温玻璃管内精密温度计测出。比体积由 CO_2 柱的高度和质量与面积的比值（质面比常数 K）计算出。实验工质 CO_2 比体积首先由承压玻璃管内 CO_2 柱的高度来测量，而后根据承压玻璃

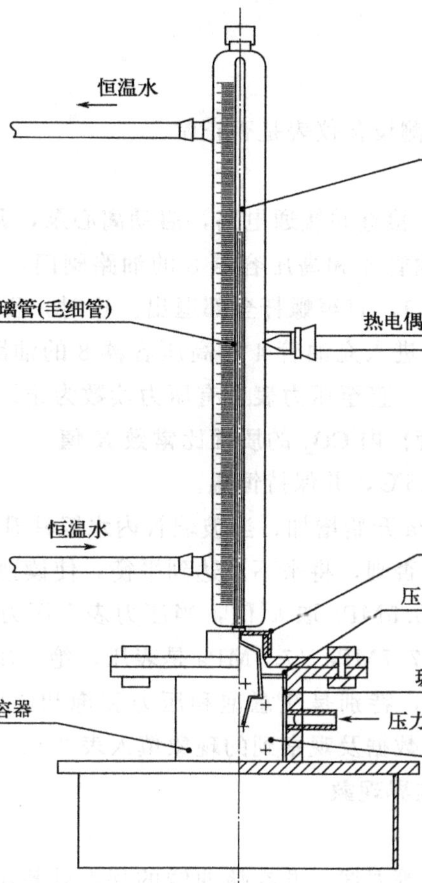

图 2-4 高压容器及附属设备放大图

管内径截面不变等条件来换算得出。已知 CO_2 液体在 25℃、7.8MPa 时的比体积 $v=0.00124m^3/kg$，实际测定的此条件下 CO_2 液柱高度为 Δh_0(m)。具体测定方法如下：

① 实验测定 25℃、7.8MPa（表压大约为 7.7MPa）时，CO_2 液柱高度 $\Delta h_0=h_0-h$。式中，h_0 为承压玻璃管（毛细管）内径顶端的刻度（酌情扣除尖部长度）；h 为 25℃、7.8MPa 下测量水银柱上端液面刻度（注意恒温玻璃管上刻度的标记方法）。若 m 为 CO_2 质量，A 为承压玻璃管（毛细管）截面积，则 25℃、7.8MPa 下比体积为

$$v=\frac{\Delta h_0 A}{m}=0.00124m^3/kg \tag{2-1}$$

② 可得装置的质面比常数 K 为

$$K=\frac{m}{A}=\frac{\Delta h_0}{0.00124} \tag{2-2}$$

③ 可得实验过程中任一测量温度、压力下的比体积为

$$v=\frac{h_0-h'}{m/A}=\frac{\Delta h}{K} \tag{2-3}$$

$\Delta h=h_0-h'$，h'为任一测量温度、压力下水银柱上端液面高度。

四、实验步骤

1. 实验准备

按图 2-3 装好实验设备，检测设备仪表是否正常。

2. 实验启动

① 加水至恒温水箱 2/3 处，检查并接通电路，启动离心泵，调节温度旋钮设置温度。

② 关闭压力表及其进入充油管 4 和高压容器 8 的油路阀门，开启压力台油杯 3 上的进油阀，摇退压力台上的活塞螺杆 1，直至螺杆全部退出。这时，压力台油缸 5 中充满油，关闭油杯阀门，然后开启压力表及进入充油管 4 和高压容器 8 的油路阀门。摇进活塞螺杆 1，使高压容器充油。如此交替重复，直至压力表上有压力读数为止。

3. 测定承压玻璃管（毛细管）内 CO_2 的质面比常数 K 值

① 将恒温水槽温度设定在 25℃，并保持恒温。

② 压力表上压力从 4.40MPa 开始增加，当玻璃管内水银柱升起来后，应足够缓慢地摇进活塞螺杆，以保证等温条件。否则，将来不及达到平衡，使读数不准。

③ 先按照适当的压力间隔 0.5MPa 取 h' 值，当压力表上压力达到 6.5MPa 时，压力间隔适当变小，随后直至压力 $p=7.7$MPa（7.7MPa 是表压，绝对压力为 7.8MPa）。

④ 注意加压后 CO_2 的变化，特别是注意饱和压力和饱和温度之间的对应关系以及液化、汽化等现象。将测得的实验数据及观察到的现象填入表 2-1。

4. 测定临界参数，并观察临界现象

（1）绘制临界等温线

按上述方法和步骤测出临界等温线，并在该曲线的拐点处找出临界压力 p_c 和临界比体积 v_c，并将数据填入表 2-1；注意在曲线的拐点（7.376MPa）附近，应缓慢调整压力（调压间隔可为 0.05MPa），以保证数据的准确性。

（2）观察临界现象

① 整体相变现象：由于在临界点时，汽化潜热等于零，饱和气线和饱和液线合于一点，所以这时气液的相互转变不是像临界温度以下时那样逐渐积累，而是当压力稍有变化时，气、液以突变的形式相互转化。

② 气、液两相模糊不清的现象：处于临界点的 CO_2 具有共同参数（p，v，T），因而不能区分此时 CO_2 是气态还是液态。如果说它是气体，那么，这个气体是接近液态的气体；如果说它是液体，那么，这个液体又是接近气态的液体。下面就来用实验证明这个结论。在临界温度时，如果按等温线使 CO_2 压缩或膨胀，那么管内无法观察到变化。若按绝热过程来进行，首先在压力等于 7.376MPa 附近突然降压，CO_2 状态点由等温线沿绝热线降到液相区，管内 CO_2 出现明显的液面。这就是说，如果这时管内的 CO_2 是气体，那么这种气体离液相区很接近，可以说是接近液态的气体。在膨胀之后突然压缩 CO_2 时，这个液面又立即消失了，这时 CO_2 液体离气相区也是非常接近的，可以说是接近气态的液体。

5. 测定 $T=35$℃ 时的等温线

测定高于临界温度 $T=35$℃ 时的等温线，步骤同前述内容。将数据填入原始记录表 2-1。

五、实验数据记录与处理

1. 计算质面比常数 *K* 值

按 25℃、7.8MPa 时 CO_2 液柱高度 $\Delta h_0=h_0-h$(m)，计算承压玻璃管（毛细管）内 CO_2 的质面比常数 K 值。

2. 计算比体积 *v*

将不同温度下、不同压力 p 下测得的 CO_2 的比体积 v 填入表 2-1 中。

表 2-1 CO_2 的 p-v-T 数据测定结果（注意表中压力调节间隔）

$T=25℃$				$T=31.1℃$(临界)				$T=35℃$			
p/MPa	Δh	$v=\Delta h/K$	现象	p/MPa	Δh	$v=\Delta h/K$	现象	p/MPa	Δh	$v=\Delta h/K$	现象
4.40				4.40				4.40			
4.90				4.90				4.90			
5.40				5.40				5.40			
5.90				5.90				5.90			
6.30				6.30				6.30			
6.50				6.50				6.50			
6.70				6.70				6.70			
6.90				6.90				6.90			
7.20				7.10				7.10			
7.30				7.20				7.20			
7.40				7.30				7.30			
7.50				7.35				7.40			
7.60				7.40				7.50			
7.70				7.50				7.70			
7.80				7.80				7.80			
进行等温线实验所需时间/min											

3. 绘制等温线

按表 2-1 CO_2 的 p-v-T 数据在坐标系中画出 p-v 数据点，连接每一温度下的数据点即可得到三条等温线。

4. 分析误差

将实验得到的等温线与图 2-2 CO_2 的 p-v-T 关系曲线进行比较，分析误差产生的原因。

5. 比较临界比体积

按照不同方法计算 CO_2 的临界比体积，填入表 2-2 中。并分析它们之间的差异及原因。

表 2-2 CO_2 的临界比体积 v_c

标准值	实验值	$v_c=RT_c/p_c$ (理想气体状态方程)	$v_c=\left(\frac{3}{8}RT_c\right)/p_c$ (范德华方程)
0.00214			

六、思考题

1. 质面比常数 K 值对实验结果有何影响？为什么？
2. 分析本实验的误差来源，如何使误差尽量减小？
3. 不同温度下，压力值调节间隔不同，为什么？

七、注意事项

1. 实验压力不超过 8.0MPa，实验温度不高于 50℃。
2. 应缓慢摇进活塞螺杆，否则来不及平衡，难以保证恒温恒压条件。
3. 一般情况下，按压力间隔 0.5MPa 左右升压。但在将要出现液相时，升压间隔要很小，升压速度要缓慢。严格来讲，温度一定时，在气液两相同时存在的情况下，压力应保持不变。
4. 准确测量并计算出 25℃、7.8MPa 时 CO_2 液柱高度 Δh_0。准确测出 25℃下出现第 1 个小液滴时的压力和体积（高度）及最后一个小气泡将消失时的压力和体积（高度）。

实验二　气液平衡数据测定

一、实验目的

1. 能熟练应用二元体系气液平衡数据的测定方法测定大气压力下二元体系的气液平衡数据，绘制 T-x-y 相图。
2. 通过实验认识平衡釜的结构，确定液相组分的活度系数与组成的关系式中的参数，推算体系恒沸点，计算出不同液相组成下两个组分的活度系数。

二、实验原理

气液平衡数据是化学工业发展新产品、开发新工艺、减少能耗、进行“三废”处理的重要基础数据之一。化工生产中蒸馏和吸收等分离过程设备的改造与设计，以及最佳工艺条件的选择，都需要精确可靠的气液平衡数据。随着化工生产的不断发展，现有气液平衡数据远不能满足需要。许多物系的平衡数据，很难由理论直接计算得到，必须由实验测定。

平衡数据的实验测定方法有两类，即间接法和直接法。直接法中又有静态法、流动法和循环法等，其中循环法应用最为广泛。若要测得准确的气液平衡数据，平衡釜是关键。本实验装置主体为改进的平衡釜，主要特点是釜外有真空夹套保温，釜内液体和气体分别形成循环系统，可观察釜内的实验现象，且样品用量少，达到平衡速度快，实验时间短。可用于精确测定一定压力下二元或多元体系气液平衡数据，为精馏过程的设计计算提供依据。循环法测得气液平衡数据原理图如图 2-5 所示。当体系达到平衡时，两个容器的组成不随时间变化，这时从 A 和 B 两容器中取样分析，即可得到一组平衡数据。

当达到平衡时，除了两相的压力和温度分别相等外，每一组分的化学位也相等，即逸度相等，其热力学基本关系为

$$\hat{f}_i^{V} = \hat{f}_i^{L} \tag{2-4}$$

式中，$\hat{f}_i^V$ 为组分 i 在气相混合物中的逸度，Pa；$\hat{f}_i^L$ 为组分 i 在液相混合物中的逸度，Pa。常压下，气相可视为理想气体，$\varphi_i=1$；忽略压力对液体逸度的影响，从而得出低压下气液平衡关系式为

$$\hat{\varphi}_i^V y_i p=\gamma_i x_i \varphi_i^s p_i^s \tag{2-5}$$

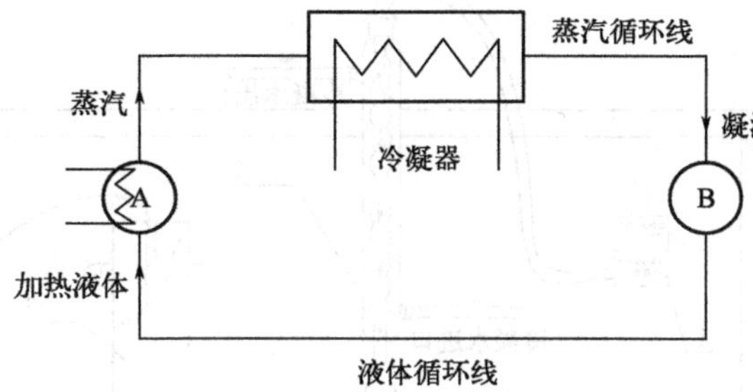

图 2-5　循环法测定气液平衡数据原理图

式中，$\hat{\varphi}_i^V$ 为组分 i 在气相混合物中的逸度系数；x_i 和 y_i 分别为组分 i 在液相和气相中的摩尔分数；γ_i 为组分 i 的活度系数；φ_i^s 为纯组分 i 在饱和蒸气压下的逸度系数；p 为体系压力（总压），Pa；p_i^s 为纯组分 i 在平衡温度下的饱和蒸气压，Pa，可用安托万（Antoine）公式计算。

同时，低压下可将气相看作理想气体，液相为非理想溶液，则有

$$y_i p=\gamma_i x_i p_i^s \tag{2-6}$$

由实验测得等压下的气液平衡数据，则可用下式计算出不同组成下的活度系数：

$$\gamma_i=\frac{p y_i}{x_i p_i^s} \tag{2-7}$$

本实验中活度系数和组成关系采用 Wilson 方程关联。Wilson 方程为

$$\ln\gamma_1=-\ln(x_1+\Lambda_{12}x_2)+x_2\left(\frac{\Lambda_{12}}{x_1+\Lambda_{12}x_2}-\frac{\Lambda_{21}}{x_2+\Lambda_{21}x_1}\right) \tag{2-8}$$

$$\ln\gamma_2=-\ln(x_2+\Lambda_{21}x_1)+x_1\left(\frac{\Lambda_{21}}{x_2+\Lambda_{21}x_1}-\frac{\Lambda_{12}}{x_1+\Lambda_{12}x_2}\right) \tag{2-9}$$

式中，γ_1、γ_2 分别为组分 1 和 2 的活度系数；Λ_{12} 和 Λ_{21} 分别为组分 1 和 2 的二元配偶参数，采用非线性最小二乘法由二元气液平衡数据回归求得。

三、实验装置

实验装置如图 2-6 所示，加热平衡釜 5 里的待测溶液至沸腾，稳定后分别在气相取样口 7、液相取样口 6 取样分析，获取待测溶液组分浓度，绘制气液平衡相图。

四、实验步骤

① 配制不同浓度的乙醇-水溶液，测定其折射率，绘制乙醇-水溶液折射率与组成关系工作曲线。

② 接通平衡釜冷凝器冷却水，关闭平衡釜下部旋塞阀。向平衡釜中加入一定浓度的乙醇-水溶液（加到釜顶部）。

③ 接通电源，调节加热电压，注意釜内状态。当釜内液体沸腾并稳定后，调节加热电压使冷凝管末端流出冷凝液的速度为 80 滴/min 左右。

④ 当沸腾温度稳定，冷凝液流量稳定保持 30min 以后，认为气液平衡已经建立，此时沸腾温度为气液平衡温度。由于测定时平衡釜直接通大气，平衡压力为实验时的大气压。读取当地大气压数据。

⑤ 同时从气相取样口和液相取样口取气液两相样品，取样前应先放掉少量残留在取样

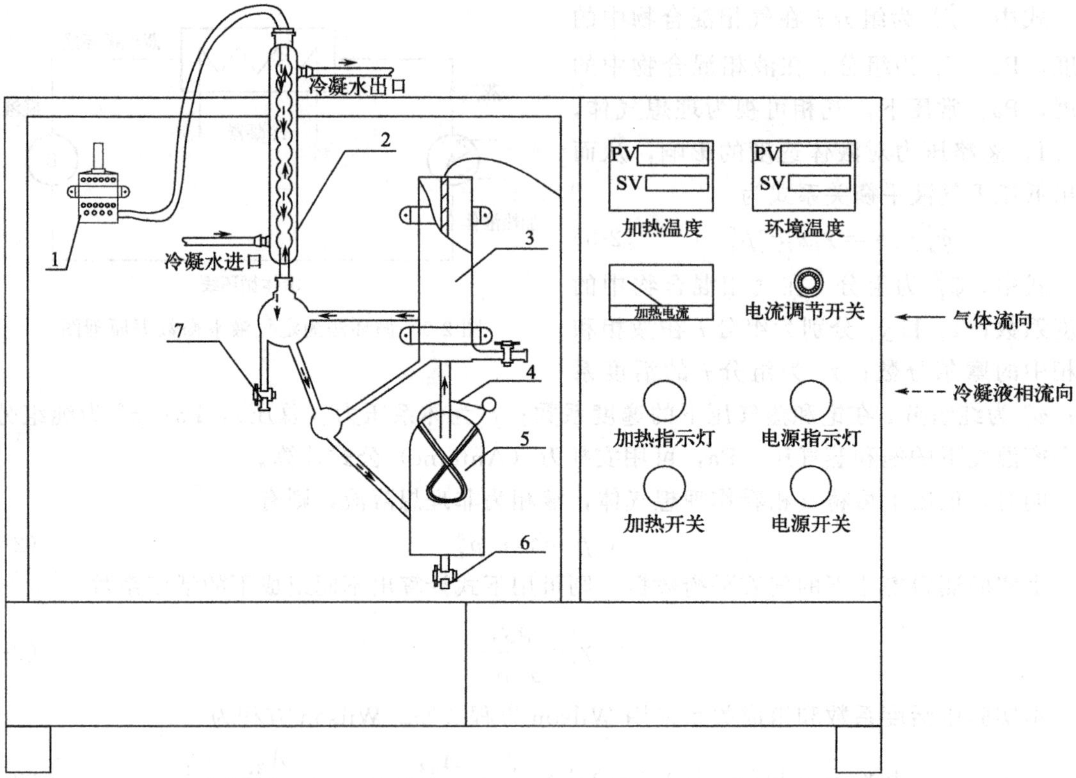

图 2-6 气液平衡数据测定实验装置

1—干燥瓶；2—冷凝管；3—保温瓶；4—热电阻；5—平衡釜；6—液相取样口；7—气相取样口

旋塞阀中的试剂，取样后要盖紧瓶盖，防止样品挥发。

⑥ 测量样品的折射率，计算气液两相样品的组成。

⑦ 改变釜中溶液组成，重复步骤③～⑥，进行下一组数据测定。

⑧ 实验完毕，关闭电源和水源。

五、实验数据记录与处理

1. 将实验数据记录下来。

实验时间________min；　室温________℃；　大气压________kPa。

实验用纯组分在常压下的沸点：水________℃；乙醇________℃。

实验数据记录于表 2-3、表 2-4 和表 2-5。

表 2-3 乙醇-水溶液的浓度与折射率

水的浓度（体积分数）/%	乙醇浓度（体积分数）/%	折射率 n_D	水的浓度（体积分数）/%	乙醇浓度（体积分数）/%	折射率 n_D
0	100		50	50	
10	90		60	40	
20	80		70	30	
30	70		80	20	
40	60		90	10	

表 2-4 实验记录

序号	投料量/mL	时间	釜加热电压/V	平衡釜温度/℃	冷凝液滴速/min	现象

表 2-5 折射率测定及平衡数据计算结果

气相样品折射率 n_D					液相样品折射率 n_D					平衡组成	
1	2	3	4	平均	1	2	3	4	平均	气相	液相

表 2-6 为纯物质的 Antoine 常数，可作参照。

表 2-6 纯物质的 Antoine 常数表

组分	A	B	C	t/℃
水	8.10765	1750.286	235.0	0～60
水	7.96681	1668.21	228.0	60～150
乙醇	7.33827	1650.05	231.48	−3～96

2. 绘制乙醇-水溶液的浓度与折射率的关联方程及回归曲线。

3. 利用 Antoinc 公式计算水和乙醇纯组分在本实验不同温度下的饱和蒸气压，并记录在表 2-7 中。

表 2-7 纯组分饱和蒸气压计算结果

平衡温度/℃				
水 p_a^s/Pa				
乙醇 p_b^s/Pa				

4. 计算水和乙醇的活度系数，用最小二乘法回归配偶参数，记录在表 2-8 中。

表 2-8 水和乙醇的活度系数

组号	平衡温度/℃	活度系数实验值		配偶参数	
		γ_1	γ_2	Λ_{12}	Λ_{21}
1					
2					
3					
4					

5. 作气液平衡（T-x-y）图。

六、思考题

1. 实验中怎样判断气液两相已达到平衡？

2. 影响气液平衡测定准确度的因素有哪些?

3. 实验中气液相组成除了用折射率测试外，还可用什么方法测试?

4. 若改变实验压力，气液平衡相图怎么变化?试用简图说明。

七、注意事项

1. 改变平衡釜中样品浓度，等平衡釜温度降至室温再加料。

2. 取气相样品分析时要保证排空上次的残留液。

实验三　气相色谱法测定无限稀释活度系数

一、实验目的

1. 能够通过查阅文献，正确阐述气相色谱法测定无限稀释活度系数的原理，比较不同的实验方法，阐述选择实验方案的理由，依据实验操作步骤选配合适的实验装置。

2. 能够正确表述气相色谱仪的工作原理，并正确操作皂膜流量计、气相色谱仪等仪器设备，记录组分比保留体积、体积流量等实验数据。

3. 能够正确计算无限稀释活度系数和相对挥发度，获得所选组分无限稀释活度系数的定性规律与定量规律。

二、实验原理

无限稀释活度系数是推算二元及多元体系气液平衡数据的重要参数。它通常是用气液平衡器测出体系平衡组成，然后用计算作图法外推得出。这种方法比较烦琐，而且外推的任意性很大，准确性较差。本实验采用气相色谱法测定无限稀释活度系数，此方法简单、方便、快速，使用样品量少，纯度要求不高。

气相色谱法是一种物理化学分离和分析方法，一般涉及固定相和流动相两个相，流动相相对固定相作连续相对运动。被分离样品各组分(溶质)与两相有不同的分子间作用力，因各组分在流动相带动下的差速迁移和分布离散不同，在两个相间进行连续多次的分配，最终实现分离。样品组分(溶质)进入色谱柱后，因载气(流动相)流动，样品组分在固定相和载气中反复多次分配，在柱内达到完全分离，随流动相析出。在气相色谱分离过程中，固定液起到溶剂的作用。载气流携带不同组分先后进入检测器，产生一定的信号，形成连续的色谱峰，经色谱工作站处理得到如图 2-7 所示的色谱图。它是色谱柱流出物通过检测器产生的响应信号对时间(或流动相流出体积)的曲线图，反映组分在柱内的运行情况。因载气(H_2 或 N_2、He)带动的样品组分量很少，在吸附等温线的线性范围内，流出曲线(色谱峰)呈对称分布。下面以图 2-7 为例引入说明一些术语。

在实验仪器和条件确定之后，t_a-t_0 可视为确定值，为死时间，与试样组分几乎无关。t_s-t_0 为表观保留时间，指样品中某组分通过色谱柱所需要的时间。保留时间的大小，反映了样品在气液两相间的分配过程，它与平衡时物质在两相的分配系数、各物质(包括组分、固定相、流动相)的分子结构和性质有关。

t_s-t_a 为实际保留时间，是完全与空气无关，只与组分有关的物理量。

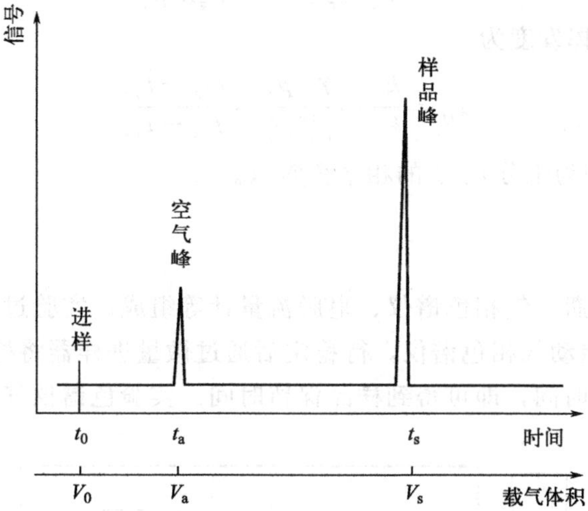

图 2-7 色谱图

t_0—进样时间；t_a—空气峰出峰时间；t_s—样品峰出峰时间；t_a-t_0—死时间；t_s-t_0—表观保留时间；t_s-t_a—实际保留时间；V_a—死体积；V_s—表观保留体积

对色谱可作出几个合理的假设：①样品进样量非常小，各组分在固定相中可视为处于无限稀释状态，服从亨利定律，分配系数为常数；②色谱柱温度控制精度可达到±0.1，可视为等温柱；③组分在气、液两相中的量极少，且扩散迅速，时时处于瞬间平衡状态，可设全柱内任意点均处于气液平衡；④在常压下操作的色谱过程，气相可按理想气体处理。由此，可推导出组分 i 的无限稀释活度系数 γ_i^∞ 计算公式为

$$\gamma_i^\infty=\frac{m_L RT}{V_g M p_i^s}=\frac{m_L RT}{M p_i^s (t_s-t_a)\overline{F}} \tag{2-10}$$

式中，γ_i^∞ 为组分 i 的无限稀释活度系数；m_L 为固定液的质量，g；T 为柱温，K；R 为气体常数，8.314J/(mol·K)；M 为固定液的分子量；p_i^s 为溶质（待测组分）在柱温 T 下的饱和蒸气压，Pa，可用 Antoine 方程计算；V_g 为溶质在柱中的实际保留体积，mL；$\overline{F}$ 为校正到柱温 T 时的平均载气流速，mL/min。

在室温 T_0、大气压 p_0 时，用皂膜流量计测的载气流速为 F_0，则 $\overline{F}$ 为

$$\overline{F}=\frac{3}{2}\times\frac{(p_b/p_0)^2-1}{(p_b/p_0)^3-1}\times\frac{p_0-p_w}{p_0}\times\frac{T}{T_0}\times F_0 \tag{2-11}$$

式中，p_w 为室温 T_0 下水的饱和蒸气压，Pa；p_0 为气压计读数，即色谱柱后压力，Pa；T_0 为室温，K；p_b 为色谱柱前压力，Pa。

为了使各实验测得的值具有可比性，还要计算温度由柱温 T 校正到 0℃时的体积流速，称其为净比保留体积$\overline{V_g}$(mL/g)，即有

$$\overline{V_g}=\frac{273.15}{T}\times\frac{V_g}{m_L} \tag{2-12}$$

代入式（2-10），整理得

$$\gamma_i^{\infty}=\frac{273.15R}{\overline{\overline{V}}_g M p_i^s}=\frac{1.704\times 10^7}{\overline{\overline{V}}_g M p_i^s} \tag{2-13}$$

组分 i 对 j 的相对挥发度为

$$\alpha_{ij}=\frac{k_i}{k_j}=\frac{\gamma_i^{\infty} p_i^s}{\gamma_j^{\infty} p_j^s}=\frac{t_{js}-t_{ja}}{t_{is}-t_{ia}} \tag{2-14}$$

式中，k_i、k_j 分别为组分 i、j 的相平衡常数。

三、实验装置

实验装置由氮气钢瓶、气相色谱仪、皂膜流量计等组成，实验过程中先由皂膜流量计测定载气流速 F_0，然后启动气相色谱仪，待稳定后通过微量进样器将样品注入 GC9790Ⅱ型气相色谱仪，测定其出峰时间，即可得到样品保留时间。实验色谱仪气路如图 2-8 所示。

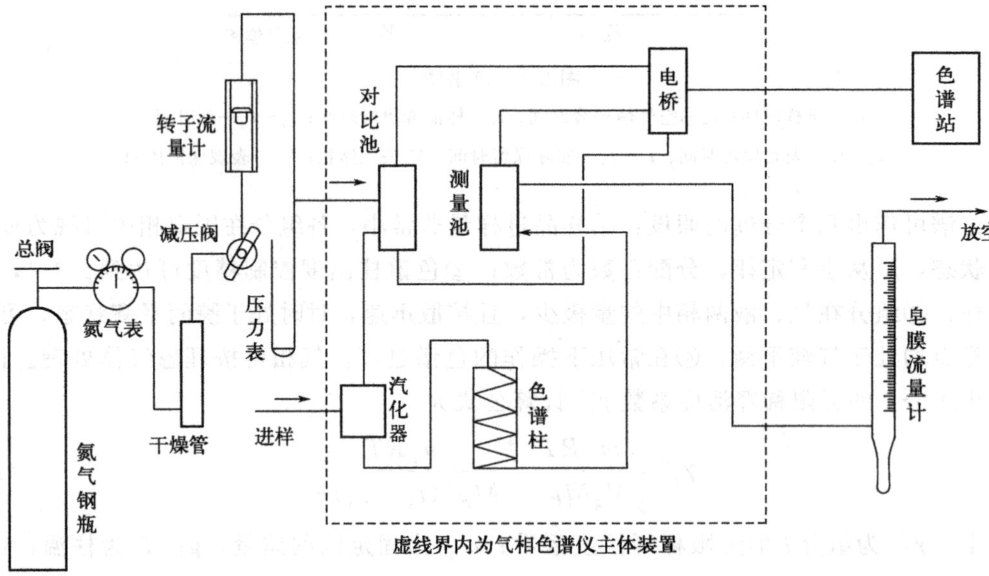

图 2-8 实验气路流程示意图

四、实验步骤

1. 色谱柱的制备与安装

(1) 色谱柱的制备

采用长度 1m、内径 2mm 的不锈钢材质的色谱柱，填充适量的涂渍有邻苯二甲酸二壬酯的硅烷化 102 白色载体，记录载体质量。

(2) 色谱柱的老化

在色谱柱的填充过程中会不可避免地混入一些杂质和固定相上残留的有机溶剂，所以要对填充好的色谱柱进行老化处理，避免之后的测量过程中出现大量鬼峰影响实验准确度。老化色谱分析条件设定如下：载气为 N_2，柱箱初温为 40℃，升温速率为 2℃/min，最终温度为 250℃（不高于固定相的沸点 279℃），老化时间为 24h，柱流量为 10mL/min。基线平稳为老化完成的指标。

（3）检漏

将色谱柱接在色谱仪［氢火焰离子化检测器（FID）］上，在进行实验前需对进样密封垫进行检查，以免造成柱前压力及载气流速不稳，从而影响实验数据的准确性。色谱柱连接好后通入载气（N_2），用肥皂水对连接口进行检漏，再检查进样垫的密封性。

2. 数据测定

（1）启动色谱，设定测试条件

打开载气，调节载气流量。色谱柱安装完成后对色谱仪的色谱条件进行设定，由于溶质的保留时间会受温度影响，当温度接近室温时会导致部分溶剂的保留时间过长从而影响实验效率，所以将色谱条件设为：载气为 N_2，柱箱初温可在 40～90℃之间变化，填充柱进样口温度为 200℃，柱前压为 20kPa，检测器温度为 200℃。在进行实验之前对室温、柱前压和载气流速进行记录。

（2）等待色谱稳定

色谱条件设定完成后，待检测器温度升至 120℃时，按下点火按钮并打开电流开关，等检测器温度升至设定值，待基线平稳后方可进行下一步操作。

（3）进样测试

在设定柱温下，由微量进样器分别抽取一定量的空气和待测试剂注入色谱后，记录其实际保留时间，对每个待测试剂测量 3～5 次，两次的实际保留时间误差不超过 1%后取平均值。在更换试剂后需对微量进样器进行清洗，从而避免上个试剂的残留物对实验数据的准确度造成影响。另外，在每次开机后需对死时间进行测量并记录，本实验以空气的保留时间为死时间。

（4）实验因素考察

改变柱温，重复上述步骤。

3. 实验结束

气相色谱点火关闭，降温。当柱温和检测器温度降到接近室温时，关闭钢瓶总阀。当压力表显示为零时，关闭钢瓶减压阀和载气稳压阀。

五、实验数据记录与处理

实验日期________；　　室温________K；　　大气压________Pa；

色谱条件________；　　固定液名称________；　　质量________g；

分子量________；　　室温下水的饱和蒸气压________Pa。

实验数据记录于表 2-9。

表 2-9　实验数据记录表

项目	柱温 T/℃	柱后压力/Pa	柱前压力/Pa	载气流速/(mL/min)	保留时间/min			
					空气	待测试剂 1	待测试剂 2	待测试剂 3
1								

续表

项目	柱温 T/℃	柱后压力/Pa	柱前压力/Pa	载气流速/(mL/min)	保留时间/min			
					空气	待测试剂1	待测试剂2	待测试剂3
2								
3								
4								
5								

六、思考题

1. 无限稀释活度系数的定义是什么？测定这个参数有什么意义？
2. 气相色谱的基本原理是什么？
3. 无限稀释活度系数的计算推导作了哪些合理假设？
4. 影响测定准确度的因素有哪些？
5. 温度对无限稀释活度系数的影响有哪些？

七、注意事项

1. 使用色谱仪时要特别小心。实验中出现问题，应及时向指导老师反映，不得自行处理。
2. 实验过程要尽量保持实验条件稳定。

实验四　压缩制冷性能测定

一、实验目的

1. 能够根据所学内容，正确选择实验路线。
2. 能根据压缩制冷性能测定的原理完成实验操作步骤，掌握操作方法。
3. 能指明压缩制冷循环流程中各设备的名称和作用。
4. 能对记录的实验数据进行处理，掌握获得制冷系数等实验数据的方法。
5. 能比较分析单级压缩制冷机在实际循环中有回热与无回热时的差异。

二、实验原理

1. 单级蒸气压缩制冷机的理论循环

图 2-9 显示了压力-比焓（压焓）图上单级蒸气压缩制冷机的理论循环。压缩机吸入的是以点 1 表示的饱和蒸气。1→2 表示制冷剂在压缩机中的等熵压缩过程；2→3 表示制冷剂在冷凝器中的等压放热过程，在冷却过程 2→2′中制冷剂与环境介质有温差，放出过热热量，在 2′→3′冷凝过程中制冷剂与环境介质无温差，放出比潜热，在冷却和冷凝过程中制冷剂的压力保持不变，且等于冷凝温度 T_k 下的饱和蒸气压力 p_k，3′→3 是液态再冷却放出热量的过程；3→4 表示节流过程，制冷剂在节流过程中压力和温度都降低，且焓值保持不变，进入两相区；4→1 表示制冷剂在蒸发器中的蒸发过程，理想状态下，制冷剂在温度 T_0、饱和压力 p_0 保持不变的情况下蒸发，使得被冷却物体或载冷剂的温度得以降低。实际中由于存在压降和饱和度问题，可根据实际情况，分析导致与理想状态不一致的原因，找出适合此工况的操作方法。

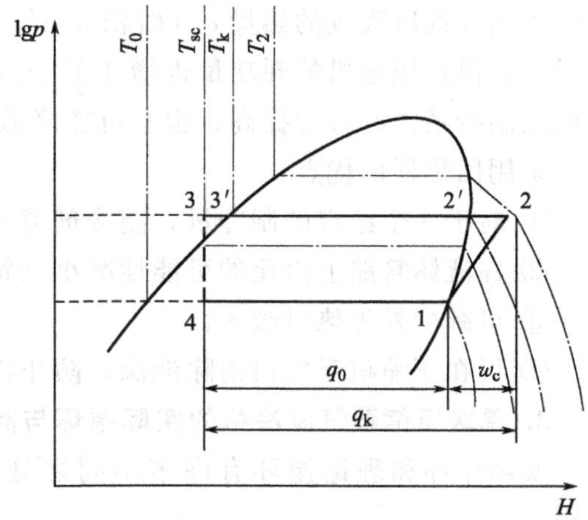

图 2-9 压焓图

2. 有回热的单级蒸气压缩制冷理论循环

为了使膨胀阀前液态制冷剂的温度降得更低（即增加再冷度），以便进一步减少节流损失，同时又能保证压缩机吸入具有一定过热度的蒸气，可以采用蒸气回热循环。

图 2-10 显示了来自蒸发器的低温气态制冷剂 1 在进入压缩机前先经过一个热交换器（回热器）。在回热器中低温蒸气与来自冷凝器的饱和液体 3 进行热交换，低温蒸气 1 定压过热到状态 1′，而温度较高的液体 3 被定压再冷却到状态 3′。回热循环 1′→2′→3→3′→4′→1→1′中，3→3′为液体的再冷却过程，过热后的蒸气温度称为过热温度，过热温度与蒸发温度之差称为过热度。

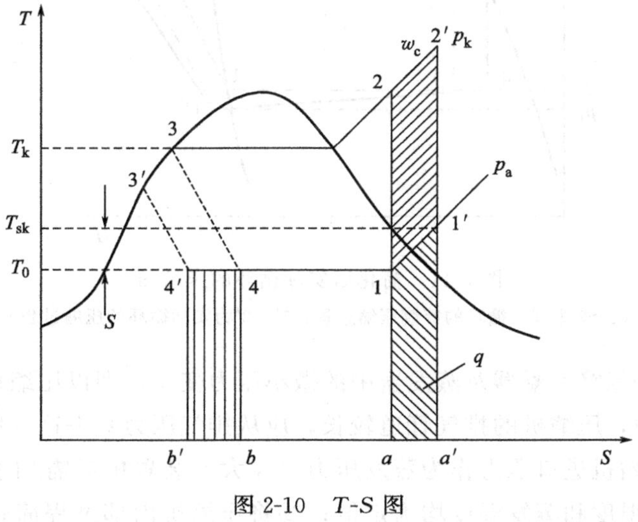

图 2-10 *T-S* 图

根据稳定流动质量守恒定理，流经回热器的液态制冷剂和气态制冷剂的质量流量相等。因此，在对外无热损失情况下，每公斤液态制冷剂放出的热量应等于每公斤气态制冷剂吸收的热量。也就是说，单位质量制冷剂再冷却所增加的制冷能力 q_0（面积 $b44'b'$）等于单位质量气体制冷剂所吸收的热量 q（面积 $a11'a'$）。由于有了回热器，虽然单位质量制冷能力有所增加，但是压缩机的耗功量也增加了 w_c（面积 $1'2'21$）。因此，回热式蒸气压缩制冷循环的理论制冷系数有可能提高，也有可能降低，应具体分析。

采用回热器的优点：

① 对于一个给定的制冷量，制冷剂流量减少；

② 在液体管路上汽化的可能性减小（特别是在管路较长的情况下）；

③ 可减少外界热量吸入；

④ 可在压缩机吸气口消除液滴，防止损坏压缩机。

3. 单级压缩蒸气制冷机的实际循环与简化后的实际循环

实际循环和理论循环有许多不同之处，除了压缩机中的工作过程以外，主要有以下区别。

① 热交换器中存在温差，即冷却水温度 T 低于冷凝温度 T_k，且 T 是变化的（进口温度低，出口温度高），载冷剂或冷却对象的温度 T_0、载冷剂的温度也是变化的（进口温度高，出口温度低）。

② 制冷剂流经管道及阀门时同环境介质间有热量交换，尤其是自节流阀以后，制冷剂温度降低，热量便会从环境介质传给制冷剂，导致冷量损失。

制冷机的实际循环过程很难用手算法进行热力计算，因此，在工程设计中常对其作一些简化。图 2-11 为简化后的实际循环过程。

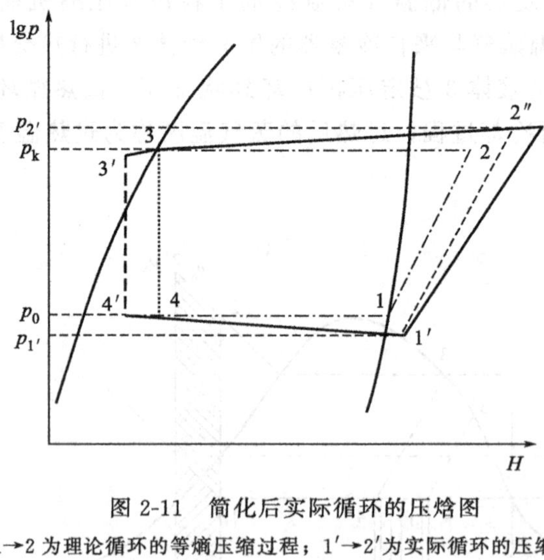

图 2-11　简化后实际循环的压焓图

（1→2 为理论循环的等熵压缩过程；1′→2′为实际循环的压缩过程）

简化途径是：①忽略冷凝器及蒸发器中的微小压力变化，即以压缩机出口的压力为冷凝压力（在大型装置中，压缩机的排气管道较长，应从排气压力减去这一段管道压力损失后作为冷凝压力），以压缩机进口压力作为蒸发压力（在大型装置中尚需加上吸气管道的压力损失），同时认为冷凝温度和蒸发温度均为定值；②将压缩机内部过程简化为一个从吸气压力到排气压力有损失的简单压缩过程；③将节流过程认为是等焓过程。

经过简化之后，即可直接利用 lg$p$-H 图（图 2-11）进行循环性能指标的计算。

4. 实际循环与理论循环的区别

实际循环区别于理论循环有如下几方面：①由于摩擦作用，在压缩机的排出口和膨胀阀进口之间及膨胀阀出口和压缩机吸入端之间将产生微小的压力降；②压缩过程既不是等熵过程也不是绝热过程（压缩机通常有热量损失）；③离开蒸发器的蒸气通常有过热（这使膨胀阀得以自动控制，同时也改善了压缩机的性能）；④离开冷凝器的液体一般略有过冷（这样提高了制冷系数 ε，且减少了通向膨胀阀的管路中形成蒸气的可能性）；⑤循环在环境温度下运行时，可能有少量的无用热量从外界传入循环的各个部分。

5. 制冷剂流量计算（量热器法）

$$M_1=\frac{W_1+10+K_1(t_a-t_s)}{(h_{g2}-h_{f1})} \tag{2-15}$$

$$W_1=U_1\times I_1 \tag{2-16}$$

式中，W_1 为供给电量热器的功率（本实验可直接设定），W；M_1 为制冷剂流量，kg/s；K_1 为电量热器的漏热系数（K_1=4.00W/℃，此漏热系数为测定值，有兴趣的同学可对漏热系数测定方法进行了解，由于旋钮调节本身的局限性，本实验装置不建议进行漏热系数测定实验）；t_a 为环境温度，℃；t_s 为量热器内去离子水饱和温度（根据其饱和压力查表），℃；h_{g2} 为制冷剂在量热器出口的焓值，kJ/kg；h_{f1} 为节流阀前液体制冷剂的焓值，kJ/kg；U_1 为电量热器的电压，V；I_1 为电量热器的电流，A。

6. 制冷量计算

$$Q_{01}=M_1(h_{g1}-h_{f1})\frac{V_1}{V_{g1}} \tag{2-17}$$

式中，Q_{01} 为制冷装置每小时的制冷量，kJ/h；h_{g1} 为制冷剂在压缩机进口处的焓值，kJ/kg；V_1 为实际进气状态的制冷剂蒸气比体积，m^3/kg；V_{g1} 为标准工况的制冷剂蒸气比体积，m^3/kg。

7. 压缩机压比、制冷循环压比计算

$$\alpha_1=\frac{p_1}{p_2}\quad \alpha_2=\frac{p_3}{p_4} \tag{2-18}$$

式中，α_1 为压缩机压比；α_2 为制冷循环压比；p_1 为压缩机入口压力，Pa；p_2 为压缩机出口压力，Pa；p_3 为节流毛细管前压力，Pa；p_4 为节流毛细管后压力，Pa。

8. 压缩机的输入功率测定

$$N_{YS}=IU \tag{2-19}$$

式中，I 为压缩机输入电流，A；U 为输入电压，V；N_{YS} 为压缩机输入功率，W。

9. 制冷系数计算

$$\varepsilon=\frac{W_1}{N_{YS}} \tag{2-20}$$

式中，ε 为制冷系数。

10. 性能系数 COP 的计算

性能系数 COP 考虑了驱动电机效率对能耗的影响，以单位电动机输入功率的制冷量大

小进行评价，该指标多用于全封闭制冷压缩机。其计算公式为

$$COP=\frac{Q_{01}}{N_{YS}} \tag{2-21}$$

由于实验过程是实际循环，在无回热循环过程中，蒸发器出口及压缩机吸气状态点都不在饱和气线上，有过热；冷凝器出口不在饱和液线上，有过冷。冷凝器出口、蒸发器出口及压缩机吸气状态点一定要找准确。采用回热循环时，冷凝器出口状态点基本不变，但压缩机吸气状态点进一步过热。

三、实验装置

实验装置如图 2-12 所示。主要由压缩机 1、冷凝器 2、毛细管 6、量热器 8 等部件组成。

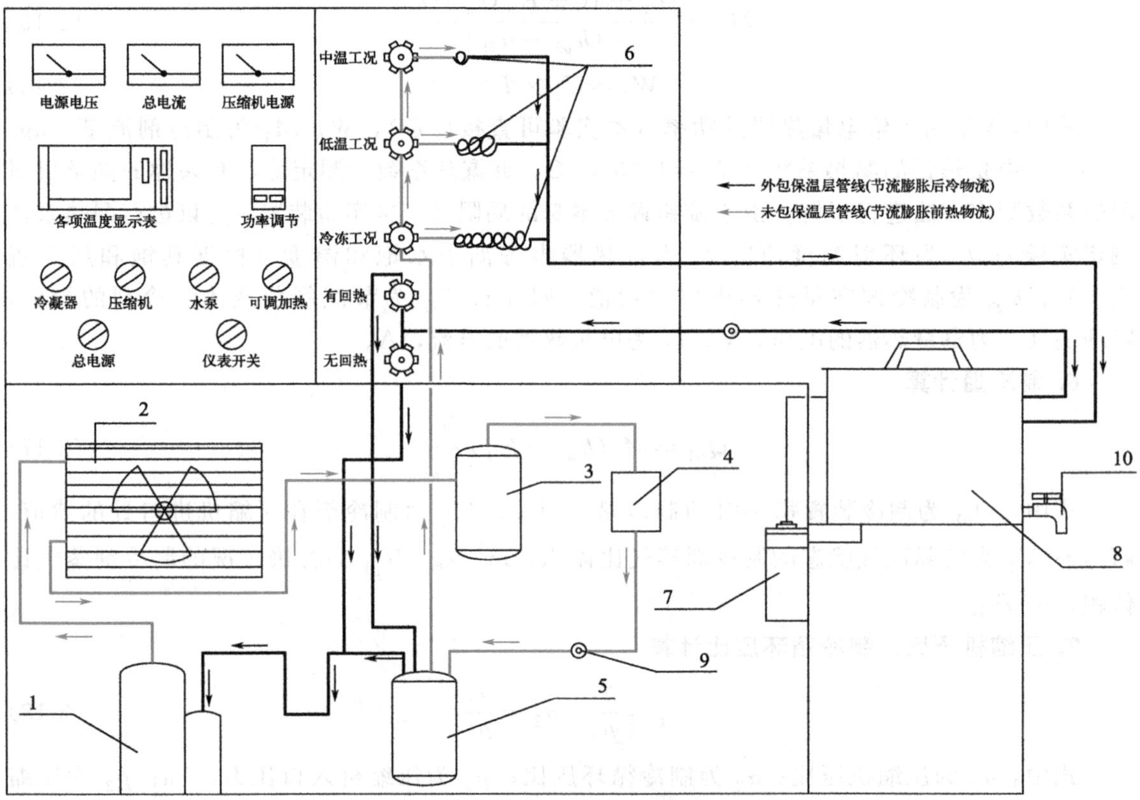

图 2-12　压缩制冷性能测定实验装置示意图

1—压缩机；2—冷凝器；3—储液器；4—过滤器；5—回热器；6—毛细管；

7—循环水泵；8—量热器；9—视镜；10—排水口

本装置相关参数：压缩机 735W，220V；冷凝器 7.4m^2，换热量 3486W；节流毛细管 0.5m 一组、1m 一组、3m 一组；量热器 2×1.2kW。

实验装置中各部件的作用如下。

① 压缩机 1 是整个制冷系统的心脏，其作用是消耗电能来提高制冷剂的压力和温度。

② 冷凝器 2 的主要作用是把气态制冷剂 R22 变为液态制冷剂 R22，放出热量。

③ 储液器 3 稳定整个系统的流动，及时补充或储存系统中的制冷剂，保证在变工况下

流出的是液体制冷剂。

④ 过滤器 4 可去除系统中的杂质及水分，防止管道堵塞。

⑤ 视镜 9 可以观察制冷剂的状态，判断制冷剂充注量是否合适，同时检查制冷剂是否为规定的相态。

⑥ 毛细管 6 是制冷设备的关键部件，其作用是节流，使高温高压的液态制冷剂变为低温低压的气液两态的制冷剂，从而使工质的温度低于常温，使工质具有制冷能力。本实验装置采用三组工况毛细管，根据毛细管出口压力调节实际制冷工况，分别为 0.5m、1m、3m 三组毛细管，可单独使用或并联使用，达到调节不同制冷工况的目的。

⑦ 回热器 5 起到热交换的作用，可使节流阀前的液体过冷，提高热效率；使入口气体过热，防止液击，保护压缩机。

⑧ 量热器 8 内装有盘管、电加热管，其中电加热一组可调 0～1200W，一组固定 1200W，一组备用 1200W。量热器是一个绝热容器，它四周用绝热材料包裹，可以看作与外界绝热（传热量很小）。

电量热器法是间接测量压缩机制冷量的一种方法。电量热器装有蒸发器盘管、电加热器，它的基本原理是利用电加热器放出热量。本实验装置采用去离子水作为转换介质，利用湍流原理，进行热交换。实验时，接通电加热器，加热去离子水，通过贯流风扇扰动，使去离子水状态均匀，进而与蒸发器盘管进行热交换。而蒸发器盘管中的低压液态制冷剂被去离子水加热而汽化，返回制冷压缩机。实验装置在实验工况下稳定运行时，供给电加热器的电加热量正好抵消制冷量，从而使工况保持不变。

为了观察学习量热器的内部结构（即空调蒸发器），在量热器的下部装有观察玻璃视镜。特别注意应在量热器内温度为 15℃左右的状态下，启动量热器加热，以便更快达到平衡。

四、实验步骤

（一）准备工作

1. 实验前准备

预习实验指导书，详细了解实验装置及各部分的作用，检查仪表的安装位置及熟悉各测试参数的作用，了解和掌握制冷系统的操作规程，熟悉制冷工况的调节方法。

2. 检查实验装置系统

在熟悉实验系统，明确实验内容、操作步骤及注意事项，掌握实验设备和仪表的使用方法之后，逐步进行实验。检查制冷系统各部分有无异常，如有异常，则应首先处理好。对于高低压控制器的具体数值，建议高压控制器控制出口压力不高于 1.6MPa，入口压力不低于 0.1MPa，以保护压缩机。

（二）有回热操作

1. 实验启动

启动总电源，启动仪表开关电源，观察各温度、电压、电流显示是否正常，如果正常，则可进行实验。

2. 预热

使用设备开始实验前，先启动压缩机预热 40min（此步骤一般由指导教师提前完成），然后关闭压缩机预热，开始实验，打开有回热阀门。

3. 工况选择

打开中温工况阀，启动冷凝器风扇和量热器风扇（如果长期未使用，应注意维修阀和储液罐出口阀是否已打开），然后启动压缩机。

4. 观察实验现象

在压缩机使用过程中应注意压缩机运行工况的变化，掌握制冷剂的流动状态，并通过视镜观察其是否与理论分析状态相符。正常运行过程中，当发现压缩机出现出口温度过高（>100℃）或压力过大（>1.6MPa）和入口温度过低（<－20℃）或压力过小（<0.1MPa）时，应及时关闭压缩机，防止压缩机损坏。

5. 加热启动，记录实验数据

运行一段时间后，观察到量热器内温度约为15℃时，启动量热器可调加热，加热功率分别设定为600W、900W、1200W，在每个功率运行稳定约5min后，记录相关实验数据，包括压缩机电压、电流，压缩机出、入口压力，节流阀前、后压力，以及相关点的温度（注意：稳定运行时量热器内温度2min内波动不大于1℃）。

6. 工况选择

打开低温工况阀，重复步骤4～5（重复步骤5时，此工况下功率调节为500W、700W、900W），并观察压缩机运行工况以及相关点的温度状况，分析对比相关现象，并解释原因。

打开冷冻工况阀，重复步骤4～5（重复步骤5时，此工况下功率调节为300W、500W、700W），并观察压缩机运行工况以及相关点的温度状况，分析对比相关现象，并解释原因。

（三）无回热操作

打开无回热阀门，关闭有回热阀门。余下操作参考（二）有回热操作3～6。

（四）实验结束

逆序关闭实验装置，先关闭压缩机和加热器，保持冷凝器风扇运行约5min后，关闭冷凝电源开关及仪表电源总开关。

五、实验数据记录与处理

1. 记录数据

记录实验数据中的温度、压力等参数后查询相关实验点的焓值（附录三、四）并记录到数据处理表格，画出相关压焓图，并根据压焓图进行数据处理。

① 记录压缩机出入口压力、冷凝压力、节流阀前压力、节流阀后压力、量热器内压力、压缩机吸排气温度、冷凝器出入口温度、膨胀阀前后温度、量热器出口温度、量热器温度、室内环境温度。

② 测定量热器电流、量热器电压（或直接设定电量热器加热功率）。

③ 测定压缩机输入电流 I、输入电压 U，计算输入功率。

④ 待量热器内温度稳定后，每间隔10min读取仪表柜面板上的电流、电压、温度、压力数值，并以连续4次读值的算术平均值作为计算依据。

由实验数据绘出无回热与有回热实际循环的压焓图，并查出相应状态的焓值及压缩机进气比体积 v_1，根据压焓图进行数据处理，再根据实验数据计算式(2-15)～式(2-21)中各参数值，并将计算过程整理到实验报告中，与有回热操作进行相关数据对比，分析有无回热的区别以及它们的优缺点。

六、思考题

1. 有回热循环与无回热循环的区别是什么？
2. 当量热器的加热功率增大时，对制冷循环的制冷系数、制冷量等参数有何影响？
3. 同一功率不同工况下的制冷循环有何区别？

第三章

化学反应工程实验

实验一　变压吸附

一、实验目的

1. 能够正确阐述连续变压吸附过程的基本原理和流程。

2. 能够分析影响变压吸附效果的主要因素。

3. 能够解释碳分子筛变压吸附提纯氮气的基本原理。

4. 能够正确操作仪器，运用单塔穿透实验的测试方法，正确获得实验数据并绘制穿透曲线。

二、实验原理

（一）变压吸附现象

吸附是一个复杂的过程，分为化学吸附和物理吸附，而变压吸附属于纯物理吸附，整个过程均无化学吸附现象存在。众所周知，当气体与多孔固体吸附剂（如活性炭类）接触时，固体表面分子因与内部分子所处环境不同，存在剩余的表面自由力场，或称表面引力场，气相中可被吸附的组分分子碰撞到固体表面后即被这种力场吸附。随着固体表面吸附分子数量逐渐增加，吸附剂的吸附能力下降，当固体表面将要被完全覆盖时达到吸附平衡。

变压吸附在化工、轻工、炼油、冶金和环保等领域都有广泛的应用。如气体中水分的脱除、气体混合物的分离、溶剂的回收、水溶液或有机溶液的脱色除臭、有机烷烃的分离和芳烃的精制等。

（二）变压吸附原理

变压吸附是在较高压力下进行吸附，在较低压力下使吸附的组分解吸出来。从图 3-1 吸附等温线可看出，吸附量与分压的关系是升压使吸附量增加，而降压使吸附分子解吸，但解吸不完全，故使用抽真空方法解吸并使吸附剂再生。

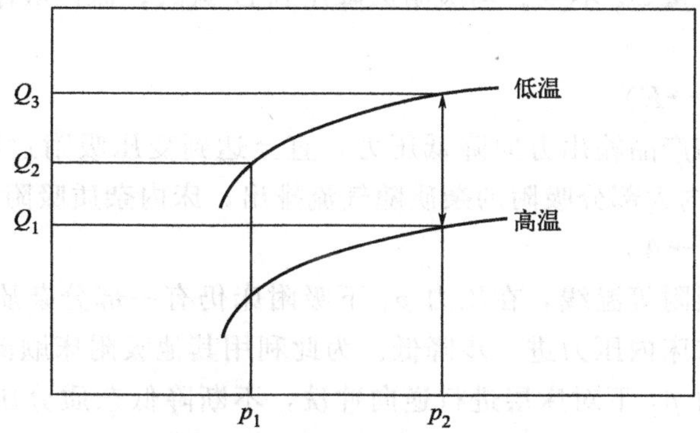

图 3-1　变压吸附的吸附等温线

吸附-解吸的压力变换为反复循环过程，但解吸条件不同，结果不同，如图 3-2(a)、(b)，当被处理的吸附混合物中有强吸附质和弱吸附质存在时，强吸附质被吸附，弱吸附质被强吸附质取代而排出，在吸附床未达到吸附平衡时，弱吸附质可不断排出，气体被提纯。

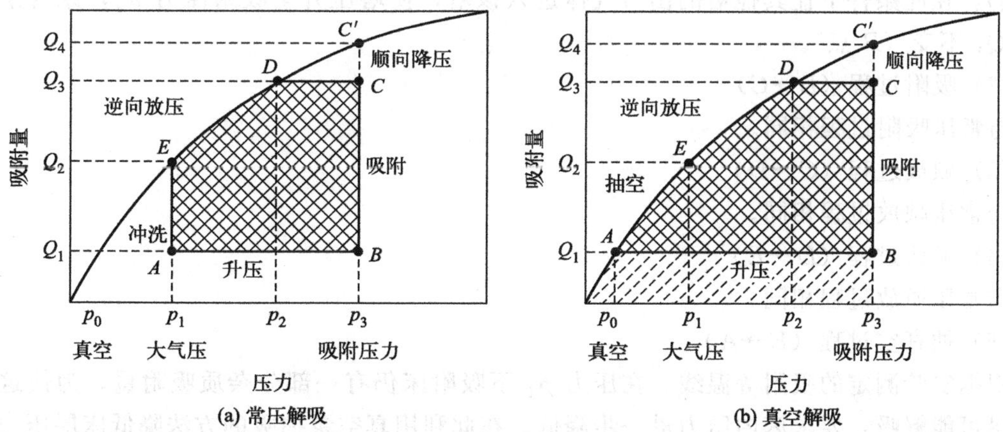

图 3-2　变压吸附的基本过程

1. 常压解吸［图 3-2(a)］

（1）升压过程（$A \to B$）

吸附塔 A 经解吸再生后，吸附床处于此过程的最低压力 p_1，床层内杂质的吸附量为 Q_1（A 点），在此条件下吸附塔 B 的出口气体进入该塔，使塔压升至吸附压力 p_3，此时床内杂质的吸附量 Q_1 不变（B 点）。

（2）吸附过程（$B \to C$）

在恒定的吸附压力下原料气不断进入吸附床，同时输出产品组分，吸附床内杂质组分的吸附量逐步增加，当达到规定的吸附量 Q_3 时（C 点），停止通入原料气，吸附终止，此时吸附床上部仍预留有一部分未吸附杂质的吸附剂。

（3）顺放过程（$C \to D$）

沿着原料气进入和产品输出方向降低压力，流出的气体仍是产品组分，这部分气体用于吸附塔B吸附床升压或冲洗。在此过程中，随着床内压力不断下降，吸附剂上的杂质被不断解吸，解吸的杂质又继续被吸附床上部未充分吸附杂质的吸附剂吸附，因此杂质并未离开吸附床，床内杂质吸附量 Q_3 不变。当吸附床降压到 D 点时，床内吸附剂的吸附位点全部被杂质占用，压力为 p_2。

（4）逆放过程（$D \rightarrow E$）

逆着原料气进入和产品输出方向降低压力，直至达到变压吸附过程的最低压力 p_1（通常接近大气压力），床内大部分吸附的杂质随气流排出，床内杂质吸附量为 Q_2。

（5）冲洗过程（$E \rightarrow A$）

根据实验测定的吸附等温线，在压力 p_1 下吸附床仍有一部分杂质吸附量，为使这部分杂质尽可能解吸，要求床内压力进一步降低。为此利用其他吸附床顺向降压过程排出的产品组分，在过程最低压力 p_1 下对床层进行逆向冲洗，不断降低杂质分压，使杂质解吸并随冲洗气带出吸附床。经一定程度冲洗后，床内杂质吸附量降低到此过程的最低量 Q_1，再生结束。至此，吸附床完成了一个吸附解吸再生过程，准备再次升压进行下一个循环。

2. 真空解吸［图3-2(b)］

（1）升压过程（$A \rightarrow B$）

吸附塔A经真空解吸再生后吸附床处于此过程的最低压力 p_0，床内杂质吸附量为 Q_1（A 点），在此条件下让其他塔的出口气体进入该塔，使塔压升至吸附压力 p_3，床内杂质吸附量 Q_1 不变（B 点）。

（2）吸附过程（$B \rightarrow C$）

与常压吸附过程相同。

（3）顺放过程（$C \rightarrow D$）

与常压顺放过程相同。

（4）逆放过程（$D \rightarrow E$）

与常压逆放过程相同。

（5）抽真空过程（$E \rightarrow A$）

根据实验测定的吸附等温线，在压力 p_1 下吸附床仍有一部分杂质吸附量，为使这部分杂质尽可能解吸，要求床内压力进一步降低。在此利用真空泵抽吸的方法降低床层压力，从而降低杂质分压，使杂质解吸并随抽空气带出吸附床。抽吸一定时间后，床内压力为 p_0，杂质吸附量降低到此过程的最低量 Q_1 时，再生结束。至此，吸附床完成了一个吸附解吸再生过程，准备再次升压进行下一个循环。当被处理的吸附混合物中有强吸附质和弱吸附质时，强吸附质被吸附，弱吸附质在加压条件下不被吸附而排出，利用这一规律就可提纯弱吸附质。而强吸附质达到吸附平衡后，可通过真空操作解吸出来，也提高了纯度。当多个吸附床联合操作，并采用多个自动阀门转换时，即可一端出高浓度的弱吸附质，另一端出高纯度的强吸附质。

（三）变压吸附制氮气原理

物质在吸附剂（固体）表面的吸附必须经过两个过程：一是通过分子扩散到达固体表面，二是通过范德华力或化学键合力的作用吸附于固体表面。因此，要利用吸附实现混合物的分离，被分离组分必须在分子扩散速率或表面吸附能力上存在明显差异。

碳分子筛吸附分离空气中 N_2 和 O_2 就是基于两者在扩散速率上的差异。N_2 和 O_2 都是非极性分子，分子直径十分接近（O_2 为 0.28nm，N_2 为 0.3nm），由于两者的物性相近，与碳分子筛表面的结合力差异不大，因此从热力学（吸收平衡）角度看，碳分子筛对 N_2 和 O_2 的吸附并无选择性，难以使两者分离。然而，从动力学角度看，由于碳分子筛是一种速率分离型吸附剂，N_2 和 O_2 在碳分子筛微孔内的扩散速率存在明显差异，如35℃时，O_2 的扩散速率为 $2.0\times10^6\mu m^2/s$，比 N_2 快 30 倍，因此当空气与碳分子筛接触时，O_2 将优先吸附于碳分子筛而从空气中分离出来，使空气中的 N_2 得以提纯。由于该吸附分离过程是一个速率控制的过程，因此吸附时间的控制（即吸附-解吸循环速率的控制）非常重要。当吸附剂用量、吸附压力、气体流速一定时，适宜的吸附时间可通过测定吸附床的穿透曲线来确定。

所谓穿透曲线就是出口流体中被吸附物质（即吸附质）的浓度随时间的变化曲线。典型的穿透曲线如图 3-3 所示，由图可见，吸附质的出口浓度变化呈 S 形曲线，在曲线的下拐点（a 点）之前，吸附质的浓度基本不变（控制在要求的浓度之下），此时出口产品是合格的。越过下拐点之后，吸附质的浓度随时间增加，到达上拐点（b 点）后趋于进口浓度，此时床层已趋于饱和，通常将下拐点（a 点）称为穿透点，上拐点（b 点）称为饱和点。通常将出口浓度达到进口浓度 95％的点确定为饱和点，而穿透点的浓度应根据产品质量要求来定，一般略高于目标值。本实验要求 N_2 的浓度≥97％，即出口 O_2≤3％，因此将穿透点 O_2 浓度定在 2.5％～3.0％。

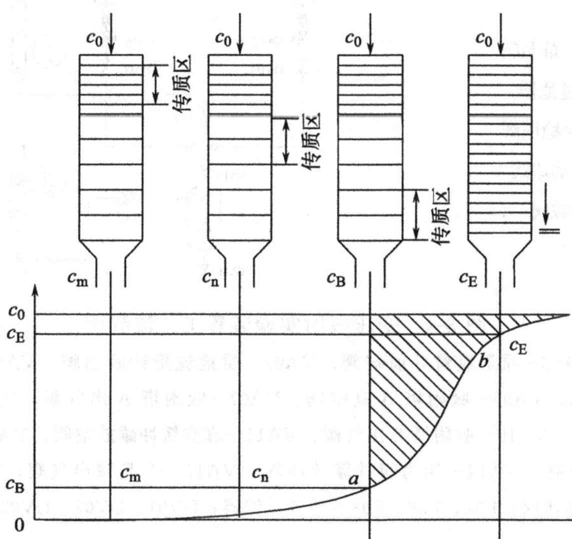

图 3-3 恒温固定床吸附器的穿透曲线

为确保产品质量，在实际生产中吸附床有效工作区应控制在穿透点之前，因此，穿透点（a 点）的确定是吸附过程研究的重要内容。利用穿透点对应的时间（t_0）可以确定吸附装置的最佳吸附操作时间和吸附剂的动态吸附容量，而动态吸附容量是吸附装置设计放大的重要依据。

动态吸附容量 G 的定义为：从吸附开始直至穿透点（a 点）的时段内，单位质量的吸附剂对吸附质的吸附量（即吸附质吸附量/吸附剂质量）。计算见下式：

$$G=\frac{V\times t_0\times(c_0-c_B)}{m} \tag{3-1}$$

式中，V 为操作条件下气体的体积流量，m^3/min；c_0 为氧气的初始浓度，mol/m^3；c_B 为氧气的终态浓度，mol/m^3；t_0 为穿透点对应的时间，min；m 为吸附剂的质量，g。

三、实验装置

工艺流程见图 3-4。

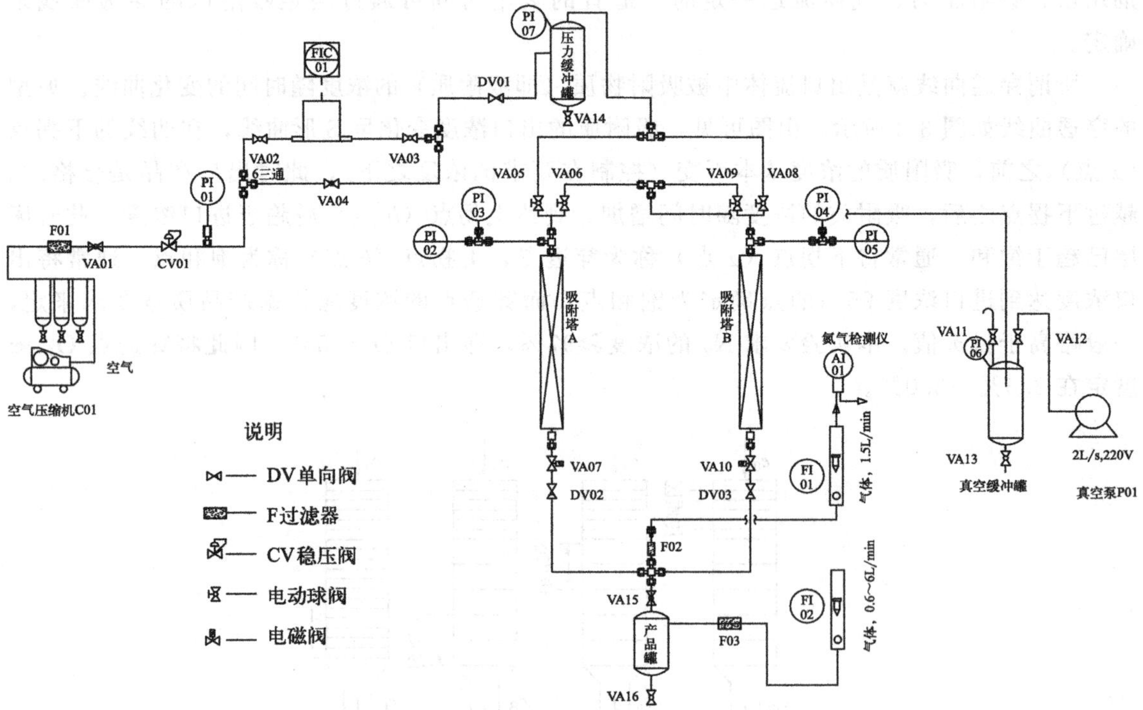

图 3-4 变压吸附实验装置工艺流程图

VA01—空气进气阀；VA02—质量流量计前端阀；VA03—质量流量计后端阀；VA04—质量流量计旁路阀；VA05—吸附塔 A 进气阀；VA06—吸附塔 A 真空阀；VA07—吸附塔 A 出气阀；VA08—吸附塔 B 进气阀；VA09—吸附塔 B 真空阀；VA10—吸附塔 B 出气阀；VA11—真空缓冲罐放空阀；VA12—真空缓冲罐抽气阀；VA13—真空缓冲罐放净阀；VA14—压力缓冲罐放净阀；VA15—产品罐出气阀；VA16—产品罐放净阀；CV01—空气稳压阀；F01、F02、F03—气体过滤器；DV01、DV02、DV03—气体单向阀

该装置的基本流程为：

空气压缩机→质量流量计→压力缓冲罐→吸附塔 A/B

氮气检测仪←氮气产品罐←　　　└→真空缓冲罐→真空泵

空气经压缩机压缩至一定压力，经过分水器后进入碳分子筛吸附塔组成的变压吸附分离系统，压缩空气从吸附塔顶端进入，空气中氧气、CO_2 和水分被吸附剂选择性吸附，其余组分（主要是氮气）则从吸附塔底部流出，经氮气产品缓冲罐后输出。之后，吸附塔减压解吸，脱除所吸附的杂质组分，完成分子筛的再生。吸附塔循环交替操作，连续送入空气、产出氮气。氮气经氮气检测仪分析纯度后放空。

主气路吸附：空气压缩机压缩空气，依次经过气体过滤器F01、空气进气阀VA01、空气稳压阀CV01、质量流量计、气体单向阀DV01、压力缓冲罐、吸附塔A进气阀VA05（或吸附塔B进气阀VA08）、吸附塔A（或B）、出气阀VA07（或VA10）、气体单向阀DV02（或DV03）、产品罐、气体过滤器F03、转子流量计FI02后放空。

主气路解吸：吸附塔A（或B）内气体依次通过吸附塔A或B真空阀VA06（或VA09）、真空缓冲罐、真空泵后放空。

侧线气路：从吸附塔出口或产品罐出口依次通过气体过滤器F02、转子流量计FI01、氮气检测仪后放空。

四、实验步骤

1. 实验前准备

① 吸附塔吸附剂装填：吸附塔上下配四氟密封垫，螺纹压紧密封，接口为6mm双卡套连接，出口内置20目不锈钢丝网密封。拆装时拆掉进气口、测压口、出气口处的6mm双卡套连接，打开上下固定卡具，取下吸附塔，使用扳手或管钳拧开上下螺纹口，进行吸附剂装填与取出；安装时可逆操作装回。

② 装置试漏操作：按流程图连接好管路，关闭真空缓冲罐放空阀，打开空气压缩机，对装置进行充压，通过气体稳压阀调节进入吸附塔的气体压力，调节进气量。打开电动球阀，通入0.2MPa压力气体，关闭系统出气口阀门，检查系统气密性，若5min内压力下降，用肥皂水涂抹各接点，直至找出漏点，使系统不漏气为止。

2. 穿透曲线的测定

① 装置先进行试漏操作。

② 真空解吸操作：以吸附塔A为例，先开启真空泵电源，开启前将真空缓冲罐内存液排干净，再关闭真空缓冲罐放空阀VA11和真空缓冲罐放净阀VA13，打开真空缓冲罐抽气阀VA12，开启吸附塔A真空阀VA06，关闭吸附塔A出气阀VA07，对吸附塔A进行抽真空解吸操作。当吸附塔A内的压力示数不变时认为抽真空基本彻底，关闭真空缓冲罐抽气阀VA12，关闭真空泵，打开真空缓冲罐放空阀VA11。

③ 穿透曲线的测定：开启空气压缩机，通过调节空气稳压阀CV01将压力调至p_i，开启VA05及VA07；开启空气进气阀VA01，以一定流量F_0向吸附塔A内充入p_i压力下的压缩空气，打开出口流量计并调到一定流量F_1，每2s通过氮气检测仪记录氮气的出口浓度c_{N_2}，直至氮气出口浓度c_{N_2}达到原料空气中的氮气浓度c_{0N_2}（空气中氮气浓度按78.01%计算）时停止实验，关闭空气进气阀VA01。

④ 穿透曲线的绘制：以单塔塔顶出口氧气浓度c_{O_2}与原料气中氧浓度c_{0O_2}（空气中氧气浓度按21%计算）的比值为纵坐标，以时间为横坐标作穿透曲线，即(c_{O_2}/c_{0O_2})-t曲线。

$$\frac{c_{O_2}}{c_{0O_2}}=\frac{1-c_{N_2}}{c_{0O_2}} \tag{3-2}$$

在绘制穿透曲线时应注意，氮气浓度减少前认为吸附塔没有穿透，而在这之前的氮气浓度按照实验实测的最大浓度计算。

3. 变压吸附制氮气

① 装置试漏操作。

② 在线测试：打开变压吸附实验装置测试软件，进行在线测试与记录。

③ 设定阀门 VA05、VA06、VA07、VA08、VA09、VA10 的工作状态。

自动控制：VA05 等待时间 0s，吸合 35s，然后释放至此周期结束；VA07 等待 5s 后吸合 30s，然后释放至此周期结束；VA06 等待 40s 后吸合 20s，然后释放至此周期结束；VA08 等待时间 40s，吸合 35s，然后释放至此周期结束；VA10 等待 45s 后吸合 30s，然后释放至此周期结束；VA09 等待 0s 后吸合 20s，然后释放至此周期结束。80s 一个周期结束后，自动进入下一个周期循环，以上时间均为建议值，根据现场情况调整。

④ 真空泵操作：开启真空泵电源，开启前将真空缓冲罐内存液放干净，再关闭真空缓冲罐放空阀 VA11、真空缓冲罐放净阀 VA13，打开抽气阀 VA12。

⑤ 开始实验：开启空气压缩机，通过调节空气稳压阀 CV01 使压力为 p_i，调节质量流量计流量为 F_1、出口流量计流量为 F_2，并记录 p_i、F_1、F_2，在产品气出口得到产品氮气。

⑥ 数据处理与记录：实验开始 10～30min 后趋于稳定，吸附压力、循环周期对产品气中氮浓度均有一定影响，记录相关数据，考察以上因素对产品气中氮浓度的影响。

五、实验数据记录与处理

1. 实验数据整理

实验数据记录于表 3-1。

表 3-1　穿透曲线测定数据

吸附温度 T________℃；压力 p________MPa；气体流量 V________L/h。

序号	吸附时间/s	出口氧含量(质量分数)/%	序号	吸附时间/s	出口氧含量(质量分数)/%
1			6		
2			7		
3			8		
4			9		
5			10		

2. 实验数据整理

① 根据实验数据，在同一张图上绘制不同气体流量下的吸附穿透曲线。

② 若将出口氧气浓度为 3.0% 的点确定为穿透点，请根据穿透曲线确定不同操作条件下穿透点出现的时间 t_0，记录于表 3-2。

表 3-2　不同操作条件下穿透点出现的时间

吸附压力/MPa	吸附温度/℃	实际气体流量/(L/h)	穿透时间/min

③ 根据表 3-2 计算不同条件下的动态吸附容量：

$$G=\frac{V_N\times\dfrac{29}{22.4}\times t_0\times(y_0-y_B)}{m} \tag{3-3}$$

$$V_N=\frac{T_0 \times p}{T \times p_0} \times V \tag{3-4}$$

式中，G 为动态吸附容量，g 氧气/g 吸附剂；V_N 为标准状态下空气体积流量，m^3/min；t_0 为穿透时间，min；T_0 为标准状态下气体的温度，K；p_0 为标准状态下气体的压强，Pa；V 为操作条件下气体的体积流量，m^3/min；p 为操作压力，Pa；T 为操作温度，K；m 为吸附剂的质量，kg；y_0 为氧气初始含量；y_B 为氧气终态含量。

不同条件下的动态吸附容量计算结果记录在表 3-3 中。

表 3-3　不同条件下的动态吸附容量计算结果

吸附压力/MPa	吸附温度/℃	实际气体流量/(L/h)	穿透时间/min	动态吸附容量/(g 氧气/g 吸附剂)

六、思考题

1. 在本装置中，一个完整的吸附循环包括哪些操作步骤？
2. 气体的流速对吸附剂的穿透时间和动态吸附容量有何影响？为什么？
3. 吸附压力对吸附剂的穿透时间和动态吸附容量有何影响？为什么？
4. 根据实验结果，你认为本实验装置的吸附时间应该控制在多少合适？
5. 该吸附装置在提纯氮气的同时，还具有富集氧气的作用，如果实验目的是为了获得富氧，实验装置及操作方案应作哪些改动？

七、注意事项

1. 实验前需检查系统的气密性。
2. 在绘制穿透曲线时应注意，氮气浓度减少前认为吸附塔没有穿透，而在这之前的氮气浓度按照实验实测的最大浓度计算。

实验二　催化剂内扩散有效因子测定

一、实验目的

1. 能够正确表达内、外扩散过程并分析其对反应的影响。
2. 能够正确表达催化剂内扩散有效因子的概念，并通过实验测定内扩散有效因子。
3. 能够设计本征反应动力学的实验测定方案。
4. 能够正确分析固定床反应器中床层的温度分布情况。

二、实验原理

环己烷是无色透明的液体，不溶于水，有刺激性气味，易挥发、易燃，沸点 80.73℃，

相对密度 d_4^{20} 为0.7785。主要作为己二酸和己内酰胺的合成原料。环己烷的生产方法以苯加氢为主，其次是石油烃分离法。苯加氢制环己烷，采用气固相催化反应或液相催化反应都可得到较高收率，工业上两种方法都有万吨级生产规模。本实验采用气固相催化加氢法，用镍催化剂在固定床反应器中合成环己烷。

1. 苯加氢气固相催化反应本征动力学

在 Ni/Al_2O_3 固体催化剂作用下，苯加氢反应方程式为

$$C_6H_6(g)+3H_2(g)\xrightarrow{220\sim280℃}C_6H_{12}(g)$$

此反应可近似看成单一不可逆放热反应，在氢气大量过量的情况下可视为拟一级反应，故

$$(-r_A)_{本}=k_p c_{AG} \tag{3-5}$$

式中，k_p 为本征反应速率常数，s^{-1}；c_{AG} 为苯的摩尔浓度，mol/L；$(-r_A)_{本}$ 为本征动力学速率，mol/(L·s)。

2. 宏观动力学

固体催化剂外表面被气体层流边界层包围，颗粒内部则为纵横交错的孔道，如图 3-5 所示。多相催化反应过程步骤包括：

① 反应物由气相主体扩散到颗粒外表面——外扩散；

② 反应物由外表面向孔内扩散，到达内表面——内扩散；

③ 反应物在内表面上吸附；

④ 反应物在内表面上反应生成产物；

⑤ 产物自内表面解吸；

⑥ 产物由内表面扩散到外表面——内扩散；

⑦ 产物由颗粒外表面扩散到气相主体——外扩散。

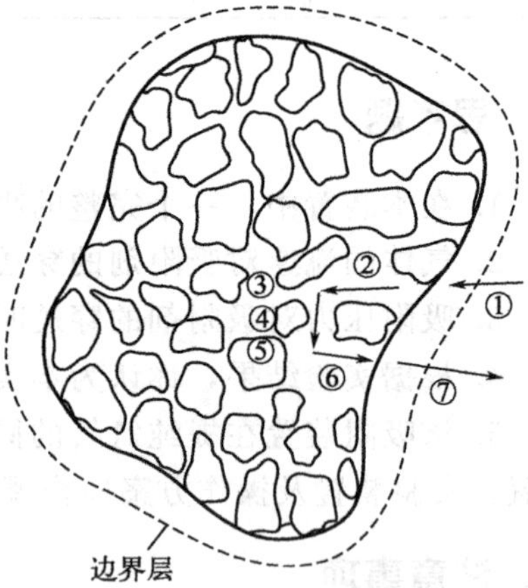

图 3-5 多相催化反应过程

气固催化反应的速率不但与化学反应有关，还和流体流动、传热、传质有关，这种包括了物理过程影响的化学反应速率叫作宏观反应速率。通常用有效因子的概念来表示扩散对反应的影响，即

$$(-r_A)_{宏}=\eta_0(-r_A)_{本} \tag{3-6}$$

式中，η_0 为总有效因子，表示内、外扩散阻力对化学反应影响程度的大小；$(-r_A)_{宏}$ 为宏观反应速率，mol/(L·s)。

通过床层的流体质量速度 G 对外扩散有显著影响，G 增大时，外扩散速率变快，而 G 的变化对内扩散并无影响。当质量速度 G 增大到某一值 G_c 时，可认为外扩散的阻力为零，只存在内扩散阻力。

当只有内扩散影响，外扩散阻力可不计时：$\eta_0=\eta$

$$(-r_A)_{宏}=\eta(-r_A)_{本} \tag{3-7}$$

式中，η 为内扩散有效因子。

3. 内扩散有效因子的测定

在外扩散影响已经消除的基础上测定内扩散有效因子。

实验在装填有一定质量、一定粒径球形催化剂的固定床反应器中进行。按图 3-6 取微元 dm，对 A 组分作物料衡算可得：

$$F_{A0}\mathrm{d}x_A=(-r_A)_{宏}\,\mathrm{d}m \tag{3-8}$$

式中，F_{A0} 为 A 的进料摩尔流量，mol/s；x_A 为组分 A 的转化率；m 为催化剂质量，g。

$$(-r_A)_{宏}=\frac{\mathrm{d}x_A}{\mathrm{d}(m/F_{A0})} \tag{3-9}$$

在某一反应温度下，通过改变苯和氢气的进料流量，测定相应的出口组成，求得苯的转化率 x_A，得到 x_A-(m/F_{A0}) 曲线（图 3-7），曲线上任意一点的斜率就对应于该转化率下的宏观反应速率，而：

$$(-r_A)_{宏}=\eta_0(-r_A)_{本}=\eta k_p c_{AG} \tag{3-10}$$

式中

$$c_{AG}=c_{A0}(1-x_A) \tag{3-11}$$

c_{A0} 可根据进料组成求得。所以：

$$\eta=\frac{(-r_A)_{宏}}{k_p c_{AG}} \tag{3-12}$$

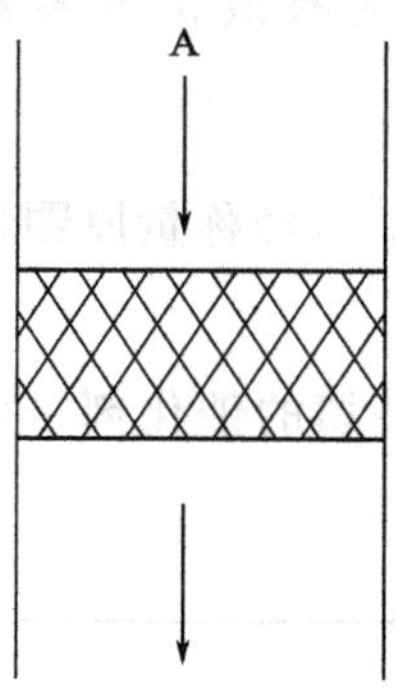

图 3-6　单位微元固定床催化剂

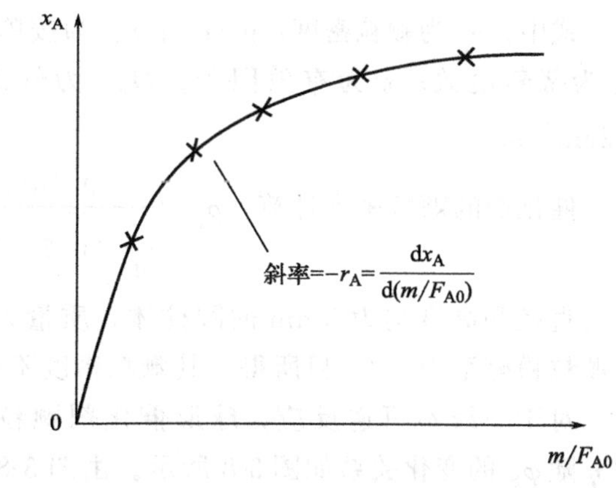

图 3-7　宏观反应速率求取图

由于本征反应速率常数 k_p 值未知，故不能直接由式(3-8) 求出内扩散有效因子。由实验数据作出 x_A-(m/F_{A0}) 曲线，曲线方程为

$$x_A=A\left(\frac{m}{F_{A0}}\right)^2+B\left(\frac{m}{F_{A0}}\right)+C \qquad \text{（其中 }A\text{、}B\text{、}C\text{ 为拟合多项式系数）}$$

曲线上任意一点的斜率就对应于该转化率下的宏观反应速率：

$$(-r_A)_{宏}=\frac{\mathrm{d}x_A}{\mathrm{d}(m/F_{A0})}=B+2A\times\left(\frac{m}{F_{A0}}\right)$$

对第一组数据：

$(-r_A)_{宏}=\dfrac{\mathrm{d}x_A}{\mathrm{d}(m/F_{A0})}$ 求得 F_{A0}

代入 F_{A0} 与原料 H_2 的进料摩尔流量 F_{H0}，求得：

$$Q_0=\frac{(F_{A0}+F_{H0})\times 22.4\times 1000\times(273.15+T_0)}{273.15}$$

$$c_{A0}=\frac{F_{A0}}{Q_0}$$

$$c_{AG}=c_{A0}(1-x_A)$$

在球形颗粒催化剂上进行一级不可逆反应时：

$$\eta=\frac{3}{\varphi_S}\left(\frac{1}{\tan\varphi_S}-\frac{1}{\varphi_S}\right) \tag{3-13}$$

φ_S 为球形颗粒上进行一级反应时的蒂勒模数：

$$\varphi_S=R\sqrt{\frac{k_p}{D_{eA}}} \tag{3-14}$$

$R=\frac{V_S}{S_S}$ 为催化剂颗粒半径，为一已知值（本反应器装填颗粒半径约 1.5mm 的催化剂）。

定义：

$$\Phi_S=\varphi_S^2\eta=R^2\frac{k_p}{D_{eA}}\frac{(-r_A)_{宏}}{k_w c_{AG}}=R^2\frac{k_w\rho_p}{D_{eA}}\frac{(-r_A)_{宏}}{k_w c_{AG}}=R^2\frac{(-r_A)_{宏}\rho_p}{D_{eA}c_{AG}} \tag{3-15}$$

上式右边各项均可由实验测得，故由此式可直接求出 Φ_S 值。

式中，ρ_p 为颗粒密度，g/cm^3；k_w 为按单位质量催化剂计算的反应速率常数，$(g\cdot s)^{-1}$；φ_S 为蒂勒模数；η 为有效因子；D_{eA} 为气态苯在催化剂颗粒内部的有效扩散系数，取 $0.2cm^2/s$。

催化剂的颗粒密度计算：$\rho_p=\frac{0.1667}{\frac{\pi}{4}\times 0.5^2\times 0.5}g/cm^3=1.6985g/cm^3$（经称量原颗粒催化剂是直径和高度均为 5mm 的圆柱体，质量为 0.1667g，本反应器中装填的催化剂是由圆柱状颗粒粉碎至 10～20 目所得，其颗粒密度不变）。

对于一级不可逆反应，球形催化剂颗粒的 η 随 φ_S 的变化关系如图 3-8 所示。由图 3-8 可知，当 $\varphi_S<0.5$ 时，η 接近 1.00，表明球形催化剂颗粒内的扩散进行得很快，内扩散影响可以忽略；当 $0.5<\varphi_S<3.0$ 时，η 介于 0.67～0.98，表明此时内扩散的影响已经很明显，不能忽略；当 $\varphi_S>3.0$ 时，η 已经较小，说明内扩散影响非常严重，这时催化剂内表面的利用率很低。φ_S 越大，η 越小，但当 $\varphi_S>10.0$ 时，η 随 φ_S 值增大而减小的趋势变缓。要使催化剂颗粒微孔内的物质浓度均维持在较高水平，η 相对较大，充分利用催化剂整个内表面，应降低 φ_S 的值，并使其保持在 0.0～0.5。

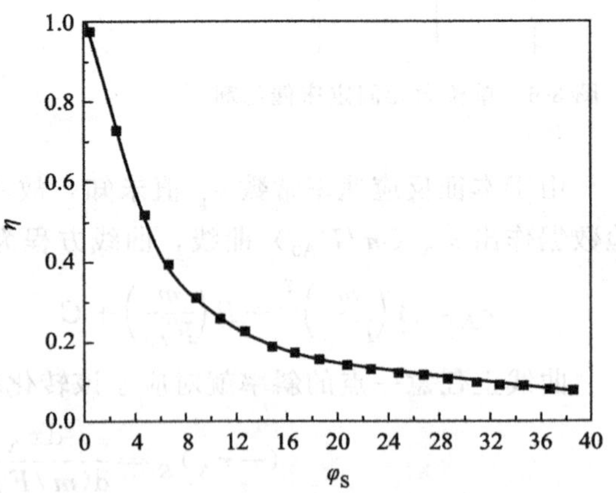

图 3-8　催化剂颗粒有效因子随蒂勒模数的变化关系

三、实验装置

1. 实验流程

如图 3-9 所示，氢气钢瓶出来的氢气经减压阀减压、质量流量计计量后与从蠕动泵 2 打出的苯混合进入预热器，苯汽化并与氢气充分混合均匀，从预热器出来的原料进入管式反应器反应管，从上而下经过床层，反应产物从反应管下端出来，可以直接经保温进入气相色谱采样。分析结束，改变实验条件，体系稳定期间产品经过反应产物冷凝器 T-02 冷凝，进入气液分离罐 V-01，尾气经湿式气体流量计 6 计量后排空，液相也可通过下端样品采出口 8 取样。改变气液流量等实验条件，进行多组实验。

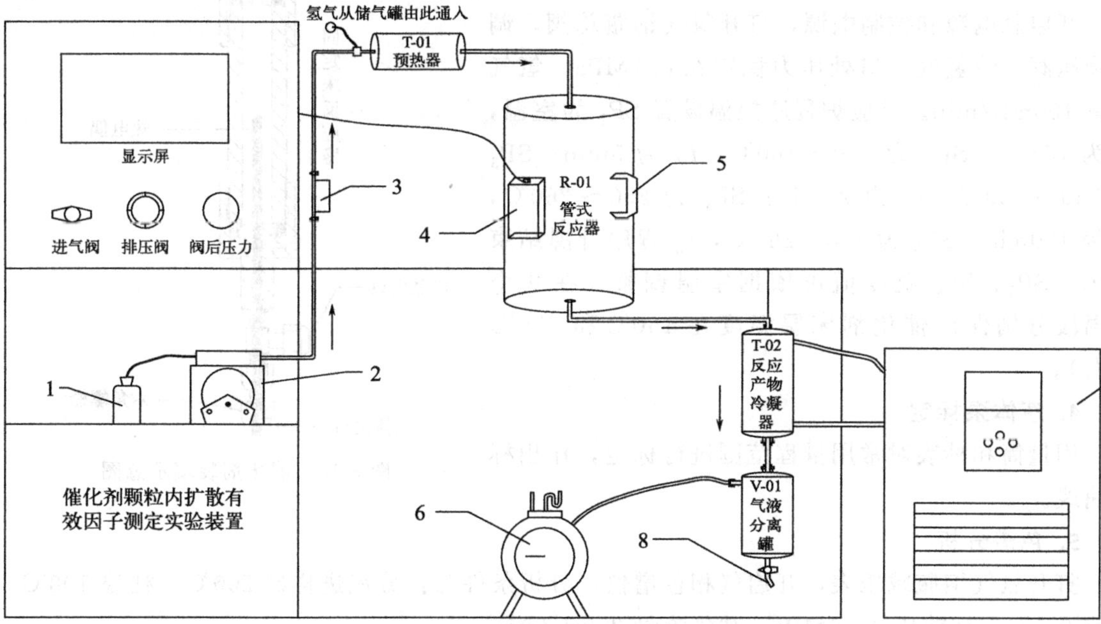

图 3-9 催化剂内扩散有效因子测定实验装置示意图

1—苯；2—蠕动泵；3—流量检测器；4—反应器温度传感器；5—把手；
6—湿式气体流量计；7—冷凝水循环箱；8—样品采出口

2. 实验装置及试剂

该装置由反应系统和控制系统组成，反应器为管式固定床，316L 不锈钢材质。反应管外径 27mm，内径 15mm，长度 500mm。管内有直径为 3mm 的不锈钢套管，以便在 3mm 管内插入直径为 1mm 的铠装式热电偶。加热炉采用三段控温，于炉子 1/3、1/2、2/3 处分别内插一根控温热电偶，控制加热炉的加热功率。预热器外径 16mm、内径 10mm、长度 250mm，预热炉加热功率 0.5kW。

反应加热炉为圆形开式炉，加热炉 ϕ300mm×500mm。加热功率 1.5kW。温度控制灵活，控温与测温数据均由触摸屏显示。

实验辅助设备有中压柱塞泵 1 台，气相色谱仪（FID 检测）1 台，主要试剂有苯（分析纯），氢气（钢瓶装），氮气（钢瓶装）。

四、实验步骤

1. 通氮气试漏

质量流量计切换到冲洗状态，调节入口稳压阀，保持入口压力表压力为 0.4MPa 左右，反应器入口压力表≥0.1MPa，用肥皂水检测各接口是否有泄漏。

2. 催化剂装填

试漏完成后，泄压至常压，拆卸反应器，按照图 3-10 将催化剂装填进反应器内，再将卡套和出口接管连接好，拧紧密封，慢慢安装到装置上，待用。

3. 催化剂还原

开启总电源和控制电源，打开氢气钢瓶总阀，调节稳压阀，使氢气出口处压力稳定在 0.1MPa，氢气流量 100mL/min。反应炉程序控温设置 SP_1 为室温，t_1 为 18min；SP_2 为 150～160℃，t_2 为 5min；SP_3 为 150～160℃，t_3 为 20min；SP_4 为 250～260℃，t_4 为 120min；SP_5 为 250～260℃，t_5 程序升温结束（SP_2、SP_3、SP_4 温度值可依据室温调整，在两个恒温段分别保证催化剂床层温度在 150℃和 250℃左右）。

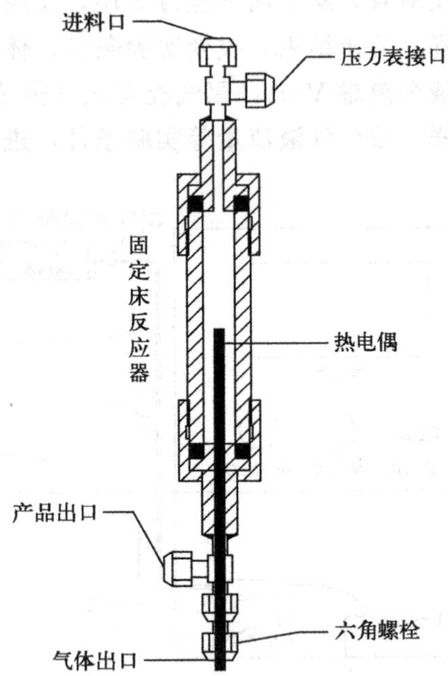

图 3-10　催化剂装填示意图

4. 液体泵标定

用量筒和秒表对常用量程范围进行标定，作出标准曲线。

5. 色谱分析

打开氮气钢瓶减压表，开启气相色谱仪，分析条件为：分流进样器 200℃，柱温 100℃，检测 200℃，柱前压 0.06MPa，载气流量 25mL/min。

6. 温度设定

开启电源开关，设置好预热器和反应器加热炉上、中、下三段的温度，分别为 150℃、230～240℃、250～260℃、230～240℃。

7. 升温

打开氢气钢瓶总阀，调节稳流阀，使氢气出口处压力稳定在 0.1MPa 左右，控制通入反应器的氢气流量（100mL/min 左右），目的是使床层温度升高时仍能保持均匀，同时氢气也是反应原料。

8. 进料

待预热器和管式反应器加热炉的温度分别达到所设定的温度时，给冷凝器通冷却水。开启液体蠕动泵，泵入苯，苯的流量根据停留时间的要求控制在某一适当范围（如 0.4～2.5mL/min），并要求苯和氢气的进料摩尔比维持在 1∶6，根据此摩尔比调节氢气的流量。

9. 催化反应

苯在预热器汽化并与氢气混合后进入催化剂床层发生反应。由于是放热反应，反应器温度升高属于正常现象，此时要对加热炉中段的给定温度稍作调整。

10. 取样分析

当管式反应器床层温度达到所要求的温度，且加热炉的温度均稳定不变时，反应 30min 后用试管采集液相或者经取样阀取样后用色谱检测产品组成，继续反应 10min，重复检测产品，得到产品组成，做两组平行数据。

11. 改变流量，重复步骤 9～10

改变苯进料流量，同时相应改变氢气进料流量，保持苯和氢气的进料摩尔比不变（仍为 1∶6），待稳定后重复操作步骤 9～10，进行 5～6 个不同流量实验，稳定期间的产品经过产物冷凝器冷凝、气液分离器分离后，尾气排空，冷凝液待实验结束后集中处理。

12. 尾气处理

实验尾气含有少量苯，需要通过硅胶软管将尾气排放到室外，或者将尾气排入工业乙醇进行吸收，吸收废液定期集中处理。

13. 实验结束

关闭液体蠕动泵，关闭加热电源。继续通入氢气，待床层温度降至 100℃以下，方可关闭氢气钢瓶，以防止温度过高造成催化剂失活。

五、实验数据记录与处理

实验数据记录于表 3-4、表 3-5。

气温：________℃；大气压：________MPa；实验日期：________。

表 3-4 实验记录

序号		氢气流量/(mL/min)	苯流量/(mL/min)	反应温度/℃
1	(1)	150	0.1	
	(2)			
2	(1)	300	0.2	
	(2)			
3	(1)	450	0.3	
	(2)			
4	(1)	600	0.4	
	(2)			
5	(1)	750	0.5	
	(2)			
6	(1)	900	0.6	
	(2)			

表 3-5 分析结果

序号		y_1/%	y_2/%	x_A/%	$\overline{x}_A$/%	m/F_{A0} /(g·h/mol)
1	(1)					
	(2)					

续表

序号		$y_1/\%$	$y_2/\%$	$x_A/\%$	$\overline{x}_A/\%$	m/F_{A0} /(g·h/mol)
2	(1)					
	(2)					
3	(1)					
	(2)					
4	(1)					
	(2)					
5	(1)					
	(2)					
6	(1)					
	(2)					

1. 反应器出口转化率的计算

设苯的流量为 F_{A0}（mol/h），反应器出口转化率为 x_A，出口气体中，苯的质量分数为 y_1，环己烷的质量分数为 y_2（不考虑其中氢气的质量分数），即 $y_1+y_2=100\%$。

由化学方程式：$C_6H_6(g)+3H_2(g)\xrightarrow{Ni,250℃}C_6H_{12}(g)$

反应前：　F_{A0}　　　　0

反应后：　$F_{A0}(1-x_A)$　　　　$F_{A0}x_A$

即：　$78F_{A0}(1-x_A)$　　　　$84F_{A0}x_A$

$$y_1=\frac{78F_{A0}(1-x_A)}{78F_{A0}(1-x_A)+84F_{A0}x_A}=\frac{13(1-x_A)}{13(1-x_A)+14x_A}$$

$$y_2=\frac{84F_{A0}x_A}{78F_{A0}(1-x_A)+84F_{A0}x_A}=\frac{14x_A}{13(1-x_A)+14x_A}$$

化简得：$x_A=\dfrac{13(1-y_1)}{13+y_1}$ 或 $x_A=\dfrac{13y_2}{14-y_2}$

y_1 和 y_2 可通过气相色谱分析反应器出口气体组成而得，并由此计算出口转化率。

2. 反应速率（$-r_A$）的计算

将实测的 x_A-(m/F_{A0}) 曲线用多项式拟合，然后求导，每一个 x_A 所对应的导数值就是该点的反应速率值（$-r_A$）。

3. 有效扩散系数 D_{eA} 值

苯在催化剂颗粒中的有效扩散系数可取 $0.2cm^2/s$。

4. 内扩散有效因子的计算

将上述（$-r_A$）、D_{eA}、催化剂颗粒半径 R、c_{AG} 代入式(3-15)中，得出 Φ_S。

先假设 φ_S，由 $\eta\sim\varphi_S$ 求出 η，判断得到的 $\varphi_S^2\eta$ 值是否等于由式(3-15)求得的 Φ_S，若不相等，则重新假设 φ_S 值，反复计算，直到相等。若相等，此时的 η 值即为所求。

提供 Excel 计算表格，只需将实测的 y_1 和 y_2 及反应器床层温度 T_0 输入表格中，即可得到实验结果，通过手动试差方法，进而得到有效因子 η 值。

六、思考题

1. 外扩散阻力如何消除？
2. 本征反应动力学如何测定？

七、注意事项

1. 实验前，一定要检查管路的气密性，尾气要接到室外；本实验用氢，切记安全操作。
2. 实验操作一定要按步骤进行，防止催化剂失活。
3. 实验中要注意保持氢气、苯流量的稳定。
4. 实验结束后，检查水、电、气的阀门，关闭后才能离开。

实验三 多功能反应

一、实验目的

1. 对比分析流化床、固定床反应以及釜式反应装置的特点。
2. 能够设计乙醇气相脱水制备乙烯的实验流程，并能正确采集实验数据。
3. 能够正确分析乙醇气相脱水操作条件对产物收率的影响，学会获取稳定工艺条件的方法，提高实验技能。
4. 能够对比流化床与固定床的床型结构与操作方法，正确获取实验数据，分析反应器的适应范围及特点。

二、实验原理

乙醇脱水制乙烯反应是一种比较简单的反应过程，一般催化剂处于静止状态，反应物通过加热的固定床反应床层时乙醇转化为乙醚、乙烯及水。低温下主要生成乙醚，高温下主要生成乙烯。催化剂一般采用 ϕ3mm×3mm 的条状脱水催化剂，如活性氧化铝、ZSM-5 分子筛等，都有较高的转化率和选择性。但固定床在热量传递方面是依靠外部供热，床层内部与壁之间有很大的温差，对转化不利。如果将催化剂颗粒减小到 1mm 以下，在反应器内由下至上通入反应物（气体或液体），此反应物通过床层速度增大到一定值后，上升的气体或液体将会把粒子带起，使流体中的粒子呈悬浮状态。若一直保持这一流速，则床层的粒子会不断上下跳动沸腾，这时的状态称为沸腾流化床操作，它与固定床的不同点是在流化床中粒子沸腾时，可将热量快速从壁上传至内部，而且床层内温度均匀。如果流化床的进料速度过大，会将粒子吹出，这时粒子便进入移动状态。在催化裂化的反应中，催化剂可从反应床移至再生床，之后从再生床再回到反应床，并周而复始稳定循环，以保持较高的催化活性。工业催化裂化就是这种形式的操作，但在实验室较少采用循环法操作，多采用在一个反应器内反应后再进行再生。催化剂会因积炭而失活，故采用空气和氮气的混合气在同一个反应器内保持 500℃流化状态下操作，活化一定时间，能烧掉积炭并恢复活性。乙醇脱水反应中催化剂失活时即可按此方法进行再生。

1. 苯加氢反应原理

环己烷在石油化工领域的用途广泛，是重要的化工原料，主要用于生产合成尼龙的中间体己内酰胺和己二酸等；环己烷还可以用作溶剂，是树脂、沥青、蜡、纤维素醚和橡胶的优良溶剂。除少数从石油馏分中蒸馏分离得到外，90%的环己烷均来源于苯加氢工艺。因此，苯加氢制环己烷具有较高的经济价值。

苯加氢反应是一个复杂的反应体系，以下是苯在反应条件下可能发生的各种反应：

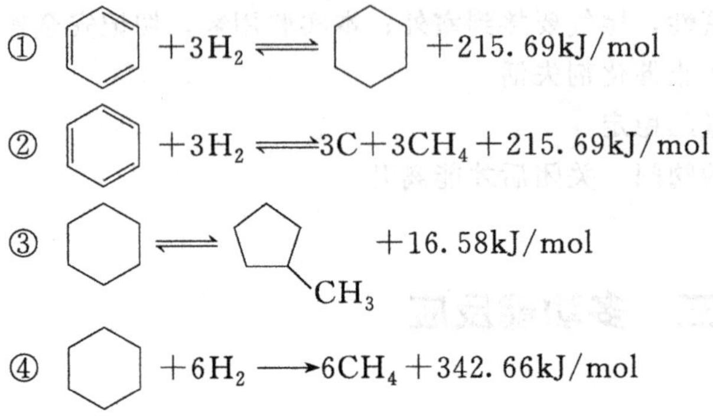

反应①是苯加氢制环己烷的主反应，是一个放热的、体积减小的可逆反应，因此低温和高压对反应是有利的。表 3-6 是苯加氢反应体系的平衡常数。由表 3-6 数据可以发现，当温度超过 560K 后，反应①的苯转化率减小，这表明苯加氢制环己烷的适宜温度不应超过 560K，否则只有提高系统压力才能保证高的转化率。

表 3-6　苯加氢反应体系的平衡常数

T/K	$\lg K_p$			
	反应①	反应②	反应③	反应④
300	16.984	49.129	−0.694	58.682
400	7.773	35.598	0.044	44.240
500	2.208	27.417	0.478	35.434
550	0.171	24.421	0.632	32.184
560	−0.193	23.884	0.659	31.600
600	−1.534	21.911	0.759	29.446
700	−4.234	17.935	0.953	25.068
800	−6.282	14.914	1.093	21.696
900	−7.897	12.530	1.197	18.996
1000	−9.207	10.592	1.275	16.765

反应③是一个可逆吸热反应，低温有利于反应向逆方向进行，因此苯加氢制环己烷的反应温度不宜过高；当然也不能太低，否则反应分子不能很好地活化，进而导致反应速率比较慢。反应温度超过 300℃，反应将向有利于生成苯的方向进行，控制反应温度以及有效移除反应热是苯加氢工艺过程的关键。

2. 乙醇脱水反应原理

乙醇脱水因催化剂类型、反应温度、压力、接触时间（加料速度）的不同，其过程也不同，但总的反应是由下列反应式组成。

$$2C_2H_5OH \xrightarrow{\text{催化剂}} \begin{cases} C_2H_5OC_2H_5 + H_2O \\ 2C_2H_4 + 2H_2O \end{cases}$$

低温下反应以 $2C_2H_5OH \longrightarrow C_2H_5OC_2H_5 + H_2O$ 为主；

高温下反应以 $2C_2H_5OH \longrightarrow C_2H_4 + 2H_2O$ 为主。

在两者之间的温度下，反应产物中必然含乙醚和乙烯。由于流化床有传热和高返混的作用，在同样温度下，流化床中的乙烯含量应高于固定床中的乙烯含量。

应注意的是，二碳醇脱水生成乙烯、三碳醇脱水生成丙烯、四碳醇脱水生成丁烯、高碳醇脱水生成高碳数烯烃等，均可采用相同的催化剂和操作方法。

如：

$$2R{-}CH_2{-}CH_2(OH) \longrightarrow \begin{cases} 2RCH{=}CH_2 + 2H_2O \\ (RCH_2CH_2)_2O + H_2O \end{cases}$$

乙醇脱水反应历程有多种解释，现取一种介绍：

$$\underset{H}{C}H_2{-}\underset{OH}{C}H_2 \longrightarrow CH_2{=}CH_2 + H_2O$$

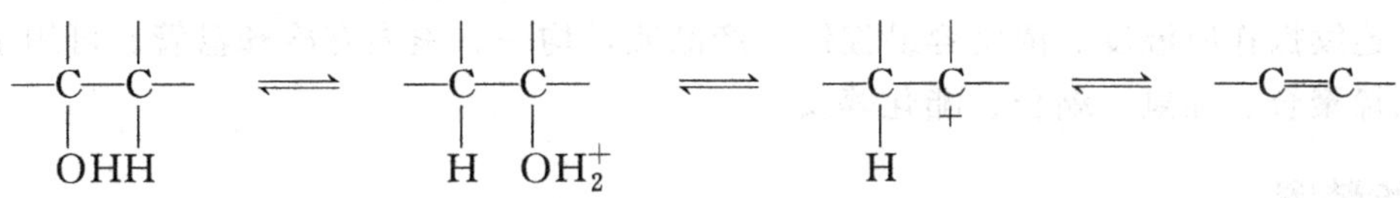

醇　　　质子化的醇　　　正碳离子　　　烯烃

甲醇类、烃基上的氧原子，含有共用电子对，与（H^+）结合形成类似盐的结构。由于氧原子带正电荷，使之变成强吸电子基，并使 C—O 键易于断裂，整个反应速度由第二步生成正碳离子的速度决定。在这一步中只有一个分子发生价键的破裂，叫单分子历程，简称 E1 消除反应。

3. 乙酸乙酯反应原理

乙酸乙酯又称醋酸乙酯，纯净的乙酸乙酯是无色透明具有刺激性气味的液体，具有优异的溶解性、快干性，用途广泛，是一种非常重要的有机化工原料和极好的工业溶剂，被广泛用于醋酸纤维、乙基纤维、氯化橡胶、乙烯树脂、乙酸纤维树脂、合成橡胶、涂料及油漆等的生产过程中。目前，已有直接酯化法、乙醛缩合法、乙烯与醋酸直接酯化法三种工业生产工艺，本工艺采用直接酯化法生产乙酸乙酯，乙酸和乙醇在浓硫酸催化剂的催化作用下，发生如下酯化反应：

$$CH_3COOH + C_2H_5OH \longrightarrow CH_3COOC_2H_5 + H_2O$$

4. 固定床操作原理

气固相催化反应固定床装置是管式反应器，床内有直径 3mm 的不锈钢套管，并在管内插入直径 1mm 的铠装式热电偶，测定反应温度。催化剂处于静止状态，反应物通过加热的固定床反应床层，乙醇即发生脱水反应。

5. 流化床操作原理

流态化现象包括由气体、液体与固体颗粒形成的气固流态化、液固流态化或气液固三相流态化。其中工业应用较多的是气固流态化。

在垂直的容器中装入固体颗粒，由容器底部经多孔填料分布段通入气体。起初固体颗粒静止不动，为固定床状态，这时气体只能从固体颗粒的缝隙通过。当气量增大到某一数值时，颗粒开始松动，此时的表观速度（空塔速度）称为起始流化速度，亦称临界流化速度。此时，颗粒空隙率增大，粒子悬浮而不再相互支撑，处于运动状态，床层面明显升高，床内压降在达到流化状态后，随流速增加而减小，压降达到一定数值后继续加大流速压降基本不变。

随着气速再增大，床层开始膨胀并有气泡形成，气泡内可能包含少量的固体颗粒，称为气泡相，气泡以外的区域称为乳相，这种流化状态称为聚式流态化（也称鼓泡床）。若床内没有气泡形成则称为散式流态化，也叫平稳床。随着气速再增加，达到终端速度，颗粒就会被气体带出，称为扬析或气力输送（粒子与流体一起流动或移动）。

流化床的换热效果比固定床优越，能及时把反应热移走，使床层温度均匀，避免产物产生过热现象，提高催化剂的反应效率。故流化床在许多有机反应中得到应用，如丙烯氨氧化制丙烯腈、丁烷或苯氧化制顺酐、二甲苯或萘氧化制苯酐等都有工业规模生产，在实验室用流化床研究催化剂和工艺条件对产品开发有重要作用。

6. 高压反应釜工作原理

釜式反应是化工工艺过程中较重要的单元操作，在化工生产中也是不可缺少的工艺过程。该釜式反应装置可用于液相、液液相、液固相、气液相反应，其特点是适用性强，操作弹性大，连续操作时温度、浓度容易控制，产品质量均一。釜内有冷却盘管。可用于苯的硝化、氯乙烯聚合、加氢、缩合、酯化等反应。

三、实验装置

多功能反应装置由管式炉加热固定床、流化床催化反应器及釜式反应器组成，是有机化工、精细化工、石油化工等部门的主要实验设备，尤其在反应工程、催化工程、化工工艺、生化工程、环境保护专业中使用相当广泛。该实验装置可进行加氢、脱氢、氧化、卤化、芳构化、烃化、歧化、氨化等各种催化反应的科研与教学工作。它能准确地测定和评价催化剂活性、寿命，找出最适宜的工艺条件，同时也能测取反应动力学和工业放大所需的数据，是化工研究中不可缺少的手段。

1. 固定床反应器

气固相催化反应固定床装置是管式反应器，加热炉采用三段加热控温方式，正常使用温度为300～500℃，最高工作温度为600℃，设定功率为1500W，电压为220V。反应器内径为15mm，316L不锈钢材质，反应器的组装方式如图3-11所示。

2. 流化床反应器

气固相催化反应流化床是一种在反应器内由气流作用使催化剂细粒子上下翻滚做剧烈运动的床型。流化床为不锈钢制，床下部有陶瓷环填料作预热段，中下部为流化膨胀的催化剂浓相段，中上部为稀相段，反应器内径是32mm，顶部为扩大段，内径为68mm。管式炉采用四段法对反应器温度进行控制，正常使用温度在300～500℃，最高工作温度600℃，设定功率为1800W，电压为220V。反应器的组装方式如图3-12所示。

（1）催化剂制备与装填

催化剂的装填如图3-13、图3-14所示，装填25mm高的粒径为0.84mm的催化剂。松开流化床反应器出、入气口接头，使反应器与预热器分离，从炉内取出流化床反应器。卸下

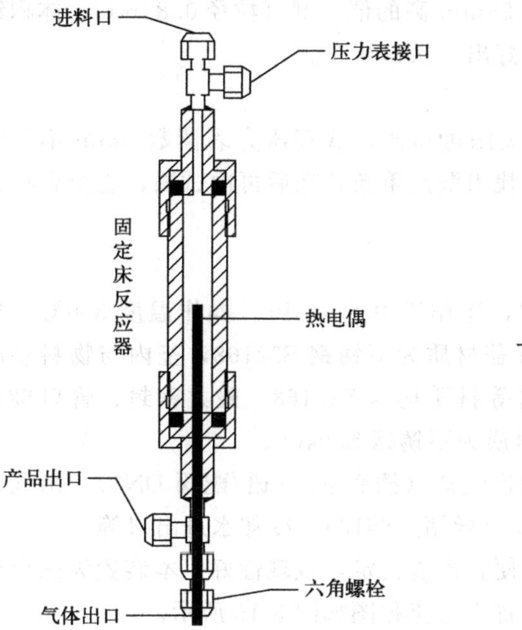

图 3-11　固定床反应器组装图

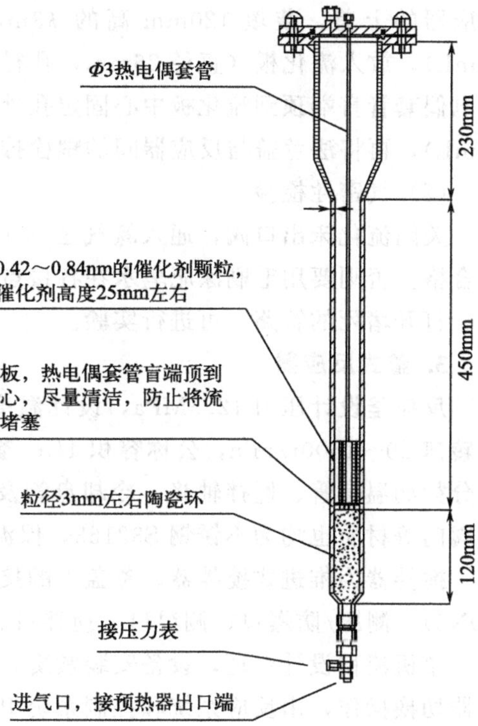

图 3-12　流化床组装示意图

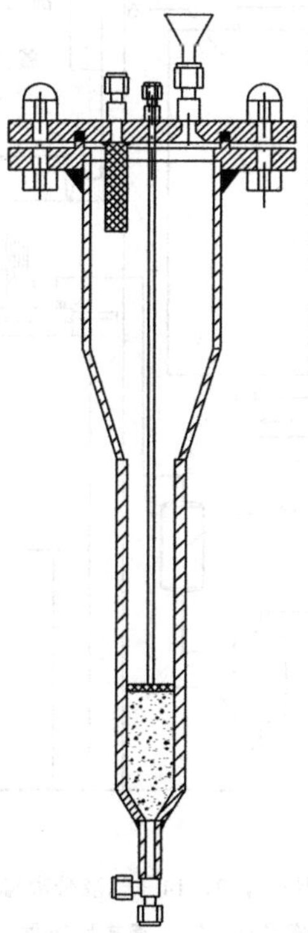

图 3-13　催化剂装填示意图

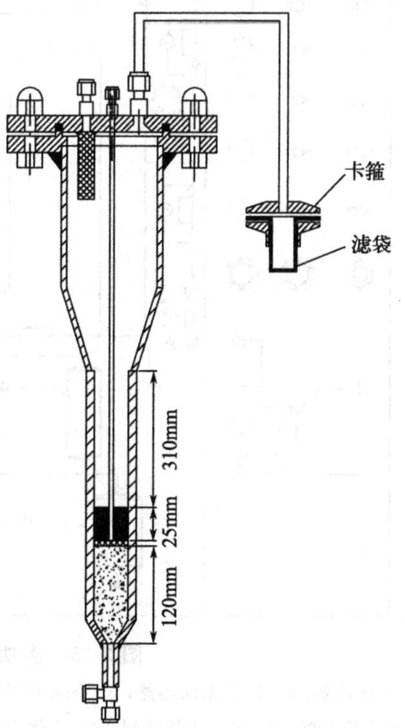

图 3-14　催化剂收集示意图

反应器的上盖，装填 120mm 高的 ϕ3mm 圆柱形陶瓷环（直径 3mm 圆柱形陶瓷环，约 58mL），放入流化板（直径 26mm，孔径 60～70μm，厚 5mm，ϕ3mm 的固定孔朝上），将热电偶套管盲端顶到流化板中心固定孔处，装填 25mm 高的催化剂（粒径 0.84mm，体积约 20mL），再将法兰盖与反应器间的螺栓拧紧，接好出、入口接头。

（2）气密性检验

关闭流化床出口阀，通入氮气至 0.1MPa。关闭进口阀，观察压力表读数 5min 不下降为合格。否则要用毛刷涂肥皂水在各接点涂拭，找出漏点重新处理后再次试漏，直至合格为止。打开堵死的管路，可进行实验。

3. 釜式反应器

反应釜设计压力 12.5MPa，设计温度 350℃，操作压力 6.0MPa，操作温度 300℃，搅拌转速 20～1500r/min，公称容积 1L；釜体、釜盖材质为不锈钢 S32168，釜内与物料接触部分如测温套管、搅拌轴桨、冷却盘管及取样管等材质均为 S32168，磁力密封、管口接头及阀门等材质也均为不锈钢 S32168，保温外壳材质为不锈钢 S30408。

搅拌器为推进式搅拌器。釜盖上的接口包括进气口（插底管/三通/配阀 DN3）、出气口（DN3）、测压/防爆口、测温口、搅拌口、固料口（丝堵/DN10）、冷却水进出口等。

整机流程设计合理，设备安装紧凑，操作方便，性能稳定，重现性好。本装置为三个反应器切换操作，由反应系统和控制系统组成，装置工艺流程图如图 3-15 所示。

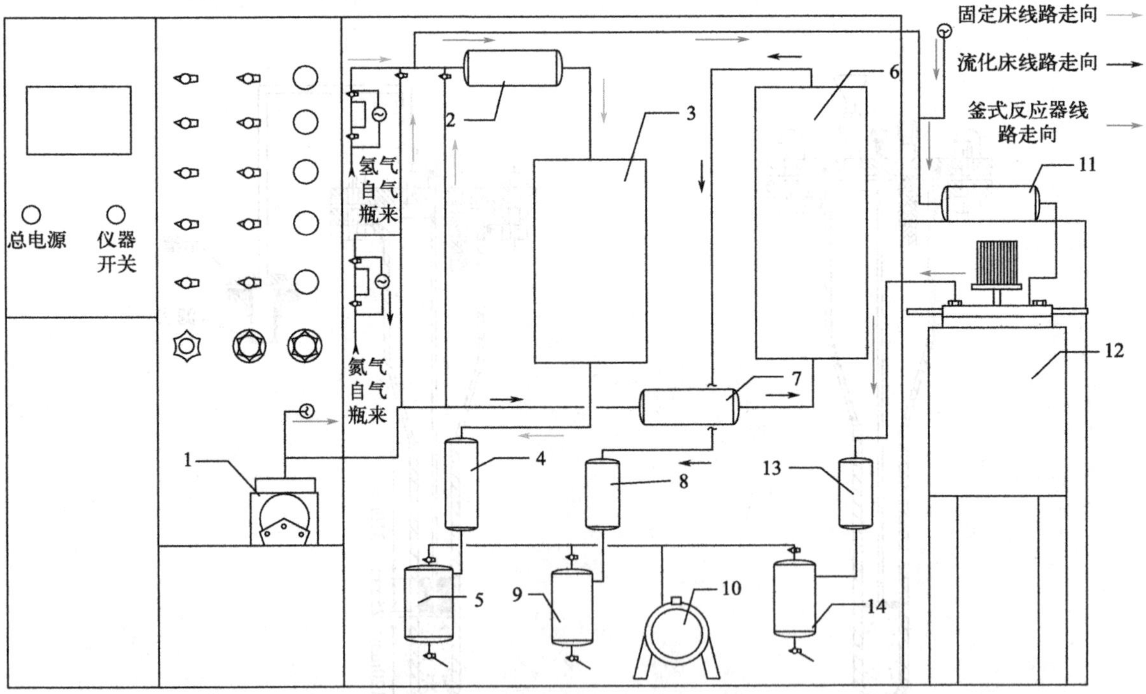

图 3-15　多功能反应装置流程图

1—蠕动泵；2—固定床预热器；3—固定床反应器；4—固定床冷凝器；5，9，14—气液分离罐；6—流化床反应器；7—流化床预热器；8—流化床冷凝器；10—湿式气体流量计；11—釜式反应器预热器；12—釜式反应器；13—釜式反应器冷凝器

(1) 固定床反应器实验流程

从蠕动泵 1 打出的乙醇混合进入固定床预热器 2 汽化后进入固定床反应器 3 反应管，从上而下经过床层，反应产物从反应管下端出来，可以直接经保温进入气相色谱采样。分析结束，改变实验条件，体系稳定期间产品经过固定床冷凝器 4 冷凝，之后进入气液分离罐 5，尾气经湿式气体流量计 10 计量后排空，液相也可通过下端阀门取样。改变气液流量等实验条件，进行多组实验。

(2) 流化床反应器实验流程

氮气钢瓶出来的氮气经减压阀减压、质量流量计计量后，与从蠕动泵 1 打出的无水乙醇混合进入流化床预热器 7，在此无水乙醇汽化并与氮气充分混合均匀，从预热器 7 出来的原料进入流化床反应器 6 反应管，从下而上经过床层，反应产物从反应管上端出来，可以直接经保温进入气相色谱采样。分析结束，改变实验条件，体系稳定期间产品经过流化床冷凝器 8 冷凝，之后进入气液分离罐 9，尾气经湿式气体流量计 10 计量后排空，液相也可通过下端阀门取样。改变气液流量等实验条件，进行多组实验。

(3) 釜式反应器实验流程

间歇反应时，打开反应釜的加料口，按照反应条件，按一定比例加入乙酸和乙醇，以及固体酸催化剂颗粒，待反应结束后产物由釜式反应器 12 排出，经气相色谱分析。改变实验条件，进行多组实验。

进行连续反应时，提前向釜式反应器 12 内装入一定体积的惰性溶剂或一种反应物，反应原料经计量泵计量后，进入釜式反应器预热器 11，最后经釜的进气口进入釜式反应器 12 内发生反应，产生的蒸气经釜式反应器冷凝器 13 冷凝，气液相在气液分离罐 14 内发生分离，尾气经湿式气体流量计 10 计量后排出，反应釜内及出口物料经气相色谱分析。改变实验条件，进行多组实验。

实验试剂有无水乙醇（分析纯）、氮气、氢气。

四、实验步骤

1. 固定床操作方法

(1) 催化剂的装填与系统试漏

催化剂的装填步骤如图 3-11 所示，装填 10mm 高的 20 目催化剂。将反应器从反应釜内取出来，用扳手卸掉两端的六角螺母，催化剂支架套在热电偶套管上，并用螺栓固定，使热电偶套管的盲端高于支架上沿 5mm。在套管外穿两层直径为 15mm 的 100 目丝网，丝网置于支架上。将热电偶套管穿过下部六角螺母，并将其拧紧，使热电偶套管盲端恰好位于反应器垂直方向的中心位置。将反应器扶正，从反应器上口加入相应体积的催化剂颗粒（20 目催化剂，体积 1.76mL），最后将反应器上端六角螺母拧紧，完成催化剂装填。

系统试漏：通过稳压阀和调节阀通入氮气，加压至 0.1MPa，5min 压力不下降为合格。试漏合格后打开堵死的管路，进行实验。

在试漏前应首先确定反应介质是气体还是液体，或两者都有。如果仅仅是气体就要封死液体进口。不然，在操作中有可能会在液体加料泵管线发生漏气。

(2) 升温与实验

升温前必须检查热电偶和加热电路接线是否正确，检查无误后方可开启电源总开关和分开关，设置好预热器和反应器加热炉上、中、下三段的温度（分别为150℃、110～120℃、130～140℃、110～120℃）。在操作中程序升温速度不宜过快（3～5℃/min为宜），过快会造成加热炉丝的热量来不及传给反应器，因过热而烧毁炉丝。待温度持续稳定10min后即可进原料液无水乙醇。

设定加料速率为0.4～1.0mL/min中的一定值，例如0.4mL/min，反应10min后，每隔一定时间记录预热器温度、炉内温度、反应床层温度（反应温度）。反应30min后，取出气液分离罐中的液体称重，并进行色谱分析。

在实验期间配制合适浓度的水、无水乙醇、无水乙醚的标准溶液，并对标准溶液进行色谱分析，以确定水、无水乙醇、无水乙醚的相对校正因子，为后续反应残液的定量分析作准备。

依次改变乙醇的加料速率，如0.6mL/min、0.8mL/min、1.0mL/min，重复上述实验步骤，则得到不同加料速率下的原料转化率、产物乙烯收率、副产物乙醚的生成速率等。

当改变流速时，床内温度也要改变，故调节温度一定要在固定的流速下进行。反应中要定时取气样和液样进行分析（在分离器下部放出液样）。

2. 流化床操作方法

（1）催化剂的装填

催化剂的装填步骤如图3-12所示，装填25mm高的20目催化剂。松开流化床反应器出、入气口接头，使反应器与预热器和冷凝器分离，从炉内取出流化床反应器。卸下反应器的上盖，装填120mm高的ϕ3mm圆柱形陶瓷环（直径3mm圆柱形陶瓷环，57.67mL），放入流化板（直径26mm，304不锈钢，孔径60～70μm，厚5mm，ϕ3mm的固定孔朝上），将热电偶盲端顶到流化板中心固定孔处，装填25mm高的催化剂（20目催化剂，体积20mL），再将法兰盖与反应器间的螺栓拧紧，接好出、入口接头。

（2）气密性检验

堵死气液分离器出口，通入氮气至0.1MPa。关闭进口阀，观察压力表读数5min不下降为合格。否则要用毛刷在各接点涂抹肥皂水，找出漏点，处理后再次试漏，直至合格。

在试漏前应首先确定反应介质是气体还是液体，或两者。

（3）升温与实验

升温前必须检查热电偶和加热电路接线是否正确，检查无误后方可开启电源总开关和分开关，设定预热器温度、炉内反应温度，在操作中程序升温速度不宜过快（3～5℃/min为宜）。反应加热炉是四段加热，每段温度给定并不相同，一般是下段和中段设定温度高些。当参数值都给定后控制效果不佳时，可将控温仪表参数再次进行自整定。当温度达到恒定值后要拉动测温热电偶，观察温度的轴向分布情况。此时，由于在流化状况下床层高度膨胀，在这个区域内的温差不大，超过这个区域则温度明显下降。通过恒温区的长度可大致获得流化床的浓相段高度。如果测出温度数据在床的底部偏低，说明惰性填料的装填高度不够高，或预热温度不够高，提高预热温度或增加惰性物高度都能改善。最后将热电偶置于恒温区内。当达到所要求的反应温度时，可启动泵进液，同时观察床内温度变化。

待设定温度持续稳定10min后即可进原料液无水乙醇，进液速率0.4～1.0mL/min，氮气流速 500～800mL/min（可提前在冷模流化床内同等状况下试验，颗粒悬浮、跳动视为达到临界流化速度，读取其压力和流量数值，此数值可作为后续热模实验的参考）。

反应进行 10min 后，每隔一定时间记录预热器温度、炉内温度、反应床层温度（反应温度），每个流量下反应 30min，取出气液分离器中的液体称重，并进行色谱分析。

在实验期间配制合适浓度的水、无水乙醇、无水乙醚的标准溶液，并对标准溶液进行色谱分析。依次改变乙醇的加料速率为 0.8mL/min 、1.0mL/min，重复上述实验步骤。

（4）催化剂更换

先停止实验，关闭预热炉和反应炉电源，等待反应温度降至常温，参照图 3-14 安装滤袋，切换至吹出阀，调大进气压力将催化剂颗粒吹出至滤袋内，再参照图 3-13 安装漏斗，装填新催化剂。

3. 釜式反应器操作

（1）安装与试压

卸下冷凝器和进口管路，用扳手小心将釜的紧固螺帽松开卸下来，将釜盖打开，擦拭釜内，加入一定量液体后扭紧螺帽，拧紧过程中保证所有螺丝扭力相同，再将所有连接处拧紧后在进气口用氮气充压至 6MPa，关闭阀门，5min 内压力不下降为合格。如下降要用肥皂水涂抹各接口处查漏，直至不下降为止才可进行实验。

将各部分的控温、测温热电偶放入相应位置的孔内。检查操作台板面各电路接头，检查各接线端子与线上的标记是否吻合。检查仪表柜内接线有无脱落，电源的相、零、地线位置是否正确。

（2）加料及实验

进行间歇反应时，要打开釜的加料口（加料口卸下接头将入口露出来），根据实验条件加入反应原料。本实验可加入一定量的无水乙醇，以及 50mL 的 50 目左右的催化剂颗粒。

进行连续反应时，需提前向釜内加入一定体积的惰性溶剂或者其中一种液体反应物。反应原料液经过计量泵计量后，进入预热器，汽化后经进气口进入釜内发生反应，加热产生的蒸气经冷凝器冷凝，气液相在气液分离器内发生分离，尾气经背压阀背压后排出。

（3）控制

开机前先接通搅拌冷却水，运行过程及温度较高的情况下冷却水要保证一直开通，防止内转子高温退磁。磁力耦合传动器应使用单独的冷却水系统，严禁冷却水经过釜内冷却盘管循环后进入磁力耦合传动水套内。

开启釜总开关。调节电机的转速以及釜的加热温度，并给冷凝器通冷却水。

（4）停止操作

停止操作时，关闭釜加热开关，需冷却时可通入冷却水进行急速降温。由于釜保温较好，所以降温较慢。

4. 催化剂的活性参数（表 3-7）以及活化再生

分子筛作为乙醇脱水催化剂一般使用寿命很长，能超过半年，多由于操作不当或其他原因造成催化剂失活，需要再生。再生方案如下：将氮气流量控制在 100mL/min，空气流量控制在 100mL/min 以下，将床升温，温度从室温逐渐升高到 400℃，最后达到 500℃停留 2h，总时长 5h，降温后待用。

表 3-7　催化剂与工艺条件对照表

催化剂种类	最佳乙烯收率温度/℃	预热器温度/℃	乙醇进液量/(mL/min)
ZSM-5 分子筛	200～300	120～150	0.4～1.0
活性氧化铝	350～370	120～150	0.4～1.0

五、实验数据记录与处理

实验数据记录于表 3-8，此表为固定床反应器数据记录示例表，其他两种反应器数据记录表自行设计。

表 3-8　实验结果数据记录表

加料速率/(mL/min)	时间/min	流量计读数/L	预热温度/℃	反应温度/℃	炉内温度/℃

六、思考题

1. 改变哪些实验条件可以提高乙醇的反应转化率？
2. 怎样使反应平衡向有利于产物乙烯生成的方向发展？
3. 结合本实验的结果，简述怎样确定最适宜的分析条件。
4. 怎样对液体产物进行定性分析？
5. 怎样对整个反应过程进行物料衡算？应注意哪些问题？
6. 实验中，哪些简化处理方法可能造成实验误差？应怎样改进？

七、注意事项

1. 要随时观察流量的变化，及时调节，否则温度不容易稳定。

2. 长期不使用时，应将湿式流量计的水放净，将装置放在干燥通风的地方。如果再次使用，一定要在低电流下通电加热一段时间以除去加热炉保温材料中吸附的水分。

3. 故障处理

若开启固定床与流化床电源开关时指示灯不亮，并且没有交流接触器吸合声，则保险丝损坏或电源线没有接好。若开启电源开关有强烈的交流振动声，则是接触器接触不良，应反复按动开关。

若开启仪表各开关时指示灯不亮，并且没有继电器吸合声，则分保险坏或接线有脱落的地方。若仪表正常但电流表没有指示，可能保险丝损坏，或固态变压器、固态继电器故障。若控温仪表、显示仪表出现四位数字，则表明热电偶有断路现象。

反应系统压力突然下降，则有大泄漏点，应停车检查。电路时通时断，可能有接触不良的地方。压力升高，尾气流量减小，说明系统有堵塞，应停车检查。操作中有强烈的响声，可能搅拌器或电动机有问题，应停车检查。

实验四 反应精馏

一、实验目的

1. 了解玻璃精馏塔的构造和原理。
2. 能够正确操作反应精馏仪器并采集实验数据。
3. 能够辨析反应精馏与常规精馏的区别，总结反应精馏在成本和操作上的优越性。
4. 学会根据实验现象分析反应过程及产物组成。

二、实验原理

1. 反应精馏原理

反应精馏是随着精馏技术的不断发展与完善而发展起来的一种新型分离技术。通过对精馏塔进行特殊改造或设计后，采用不同形式的催化剂，可以使某些反应在精馏塔中进行，并同时进行产物和原料的精馏分离，是精馏技术中的一个特殊领域。

在反应精馏操作过程中，由于化学反应与分离同时进行，产物通常被分离到塔顶，造成原料浓度相对增加，使反应平衡向右移动，故能显著提高反应原料的总体转化率，降低能耗。同时，由于产物与原料在反应中不断被精馏塔分离，往往能得到较纯的产品，简化了后续分离和提纯工序的操作并减小了能耗。此法在酯化、醚化、酯交换、水解等化工生产中得到应用，而且越来越显示出其优越性。

反应精馏过程不同于一般精馏，它既有精馏的物理传递现象，又有物质变性的化学反应现象。两者同时存在，相互影响，使过程更加复杂。普通的酯化、醚化、酯交换、水解等反应过程通常在反应釜内进行，而且随着反应的不断进行，原料的浓度不断降低，为了控制反应温度，也需要不断地用水进行冷却，造成水的消耗。反应后的产物一般需要进行两次精馏，先把原料和产物分开，然后再次精馏提高产物浓度。而在反应精馏过程中，由于反应发生在塔内，反应放出的热量可以作为精馏的加热源，减少了精馏釜加热蒸气的使用。而在塔内进行的精馏，也可以在塔顶直接得到较高浓度的产品。一般说来，反应精馏适用于下列两种情况。

(1) 可逆平衡反应

一般情况下，反应受平衡影响，转化率最大只能达到平衡转化率，而实际反应中只能维持在低于平衡转化率的水平。因此，产物中不但含有大量的反应原料，而且往往为了使其中一种价格较贵的原料反应尽可能完全，通常会使另一种物料过量，造成后续分离过程的成本提高、难度加大。在精馏塔中进行的酯化或醚化反应，生成物中通常有低沸点或高沸点物质存在，会和水形成最低共沸物，从精馏塔顶连续不断地排出，使塔中的化学平衡发生变化，不断向右移动，最终的结果是反应原料的总体转化率超过平衡转化率，大大提高了反应效率和能量消耗。同时，由于在反应过程中也发生了物质分离，减少了后续分离步骤，在反应中也就可以采用近似理论反应比的配料组成，既降低了原料的消耗，又减少了精馏分离产品的处理量。

(2) 异构体混合物的分离

因异构体混合物的沸点接近，靠精馏方法通常不易分离提纯，若异构体中某组分能发生化学反应并能生成沸点不同的物质，则可通过反应精馏将其分离。

本实验为乙醇和乙酸的酯化反应，该反应若无催化剂存在，单独采用反应精馏操作也达不到高效分离的目的。酸是有效的催化剂（常用硫酸），反应速率随酸浓度增大而加快，浓度为原料乙酸质量的0.2%～0.5%（质量分数）。由于其催化作用不受塔内温度限制，在全塔内都能进行催化反应。

本实验反应是以乙酸和乙醇为原料，在浓硫酸催化剂作用下生成乙酸乙酯的可逆反应。反应的化学方程式为

$$CH_3COOH+CH_3CH_2OH \xrightleftharpoons[\triangle]{\text{浓 } H_2SO_4} CH_3COOCH_2CH_3+H_2O$$

2. 间歇操作原理

间歇反应时，在塔釜一次性加入原料的混合物和催化剂，然后加热到反应温度进行反应。反应在塔釜内发生，反应生成的产物在塔内发生分离。轻组分乙酸乙酯和水的共沸物不断向上移动，并最终从塔顶排出。而塔釜内的乙醇和乙酸，随着反应的进行，浓度不断减小。反应温度也随着反应的进行开始慢慢升高，当塔釜温度达到95℃时，停止实验。

3. 连续操作原理

连续操作时，乙醇及混合有催化剂浓硫酸的乙酸分别用蠕动泵计量后进料。从塔的下部某处（一般在从下数第一或第二个进料口处）连续加入乙醇，作为反应的原料之一，与此同时，将已经按比例添加好浓硫酸催化剂的乙酸，在塔上部某侧口（一般在从上数第一或第二个进料口处）处加入。乙醇的用量一般为1～4mL/min，乙酸的用量可以按照理论值计算出来，一般乙醇和乙酸的摩尔比为1.03～1.05。浓硫酸按应加入乙酸理论质量的一定比例加入，一般在0.2%～0.5%（质量分数），加入量越大，反应速度越快。例如：在原料瓶中加入乙酸500mL，应向原料乙酸中加入浓硫酸15滴，乙醇500mL。乙醇流量2.1mL/min时，乙酸流量为2.0mL/min，蠕动泵转速8r/min。

在塔釜沸腾状态下，塔内轻组分乙醇汽化，逐渐向上移动，同时含浓硫酸的乙酸重组分向下移动，在填料表面乙醇和乙酸充分接触，并发生酯化反应，生成水和乙酸乙酯。具体来说，在精馏塔内，乙酸从上段向下段移动，与向塔上段移动的乙醇接触发生反应，生成酯和水。塔顶乙酸浓度最高，并形成过量，而塔釜乙醇浓度也最高，也过量。塔内此时有乙醇、乙酸、水和乙酸乙酯4种组分。由于乙酸在气相中有缔合作用，除乙酸外，其他三个组分形成三元或二元共沸物。反应中控制塔釜温度不超过95℃，这样反应产生的水就不断流到塔釜，若控制反应原料比例为近似理论比，可使乙酸和乙醇几乎全部转化，因此可认为反应精馏的分离塔也是反应器，最后塔顶不断得到浓度较高的乙酸乙酯水混合物，而塔釜经侧口不

断排出反应生成的水。

无论是间歇反应还是连续式反应，最后在塔顶得到的都是含有乙酸乙酯水混合物。通常加入少量的水（50～150g），使产品分层，上层为乙酸乙酯，下层为含少量乙酸乙酯的水。

三、实验装置

1. 实验装置

反应精馏实验的装置示意图如图 3-16 所示，精馏柱内径 ϕ20mm，填料层高 1.2m，填料为 ϕ3mm 玻璃弹簧填料（因填料安装方式特殊，尽量不要自行拆装塔釜及填料）。塔外壁镀透明金属导电膜保温，通电流使塔身加热保温，上下导电膜功率各 300W。塔釜为 1000mL 的四口烧瓶，其中一个口与塔身相连，侧面的一个口为测温口，用于测量塔釜液相温度，另一个口作为釜液溢流/采样口，还有一个口与 U 形管压差计连接。塔釜配有电加热套，加热功率连续可调。经加热沸腾后的蒸气通过填料层到达塔顶，塔顶冷凝液体的回流采用摆动式回流比控制器操作，控制系统由塔顶摆锤、电磁铁线圈、回流比计时器组成，控制灵敏准确，回流比可调范围大。

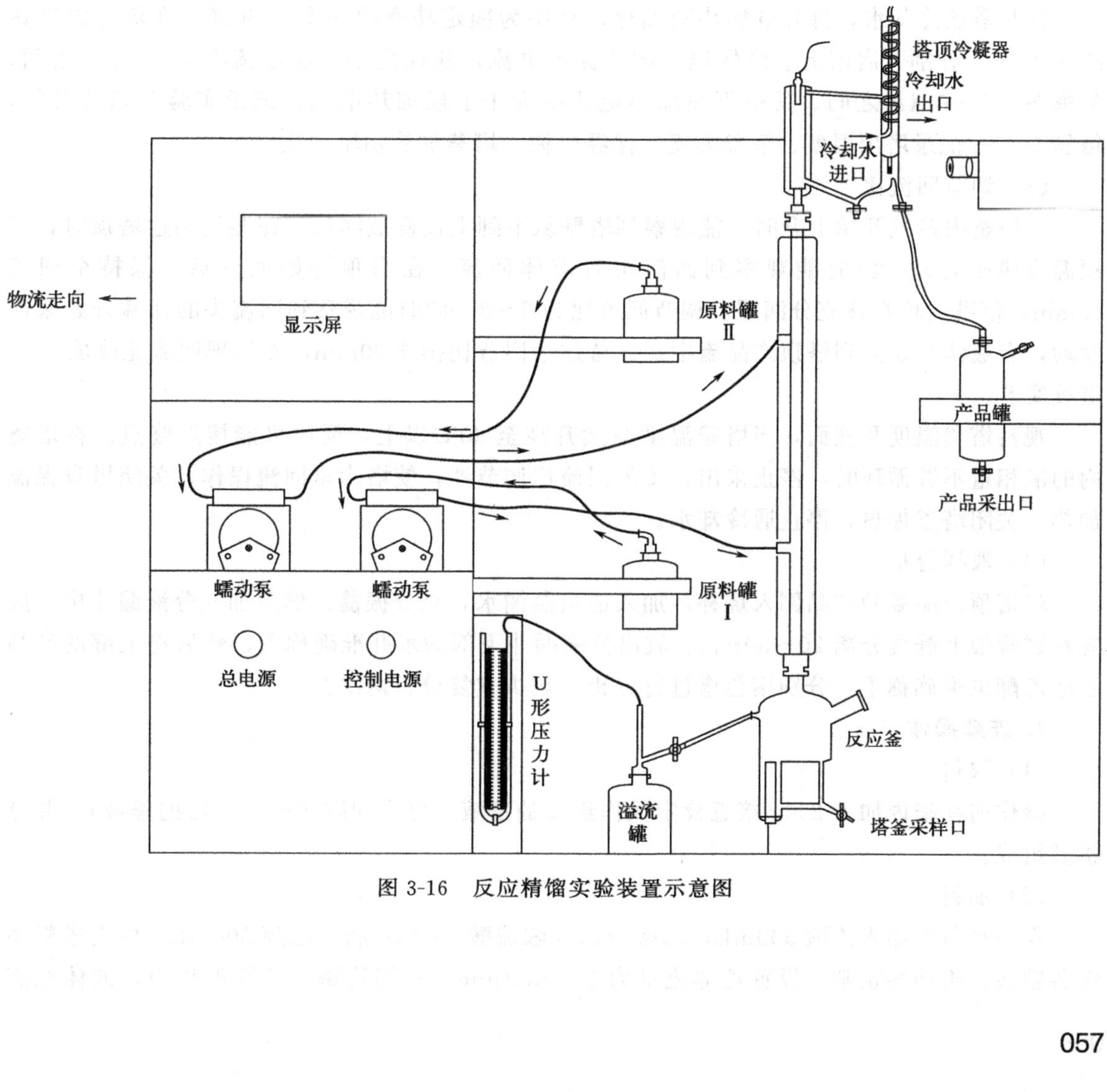

图 3-16 反应精馏实验装置示意图

2. 实验流程

在塔底反应釜中加入一定量的无水乙醇、乙酸和浓硫酸，开启蠕动泵，乙醇、乙酸与硫酸分别由蠕动泵从原料罐Ⅰ和原料罐Ⅱ按照一定比例打入反应精馏塔，调节回流比，产品由塔顶冷凝器冷凝后进入产品罐，从产品采出口取样进行色谱分析。根据塔顶组成，调整加料速度或加热功率。反应结束后，反应釜残液由塔釜采样口取出，用气相色谱分析其组成。

四、实验步骤

1. 间歇操作

（1）加料

用量筒量取大约 170mL 乙酸（99.5%）和 180mL 乙醇（99.7%），分别加入两只 250mL 烧杯中，并在天平上用滴管加入原料直到乙酸质量为 180.0g、乙醇质量为 150.0g。用滴管在乙酸中加入浓硫酸 5～10 滴，然后把乙醇和乙酸一起加入 1000mL 的塔釜四口烧瓶中。

浓硫酸加入量越大，反应速度越快。可以根据实验时间来调整浓硫酸的加入量。

（2）调温并记录数据

打开塔顶冷却水，打开电加热套加热，功率为额定功率的 60%～80%。在塔釜温度达到 60℃时，分别开启塔上下段保温，调节保温电流，建议夏季保温电流在 0～0.2A 之间，冬季在 0.2～0.4A 之间。其中下段加热电流应大于上段加热电流。记录实验开始的时间，每隔 10min 记录塔顶温度、塔釜温度、保温电流、塔釜加热功率一次。

（3）调节回流比

在塔釜内蒸气开始上升时，能观察到塔壁从下到上慢慢被润湿，在蒸气到达塔顶时，塔顶温度快速上升，此时能观察到回流头有液体回流。在塔顶开始回流后，保持全回流 15min，使塔内填料被充分润湿。调节回流比为 2～3，此时能观察到回流头的摆锤开始来回摆动，有液体开始流到塔顶产品罐中，保持这个回流比操作 30min，然后把回流比改成 4～5 继续实验。

观察塔釜温度及液面，当塔釜温度突然升高至 90℃以上，反应可能接近终点。在塔釜内的液相量不够循环时，停止采出，关闭回流比调节器，使塔为全回流操作，关闭塔身保温加热。关闭塔釜加热，停止通冷却水。

（4）取样分析

将塔顶产品罐的产品倒入烧杯，加入适量蒸馏水，充分振荡，然后加入分液漏斗中，放置在试管架上静置分离 20～30min。放出分液漏斗下部的水并准确称重，然后将上部的产品乙酸乙酯也准确称重，分别用色谱进行分析。至少重复分析两次。

2. 连续操作

（1）取料

操作前在釜内加入 200g 接近稳定操作组成的釜液（可为间歇实验平衡后的釜液），并分析其组成。

（2）加料

在原料瓶中加入乙酸 500mL，乙酸中加入浓硫酸 15～20 滴，乙醇 500mL。检查进料系统各管线是否连接正常。设置乙醇流量为 2.1mL/min，并将管路中的气泡排净，液体充满管路后，关闭蠕动泵。乙酸流量为 2.0mL/min，蠕动泵转速 8r/min。设置完毕后开启蠕动泵，让液料充满管路各处后停泵。

(3) 加热

开启塔顶冷却水。开启电加热套，调节功率为额定功率的 50%～60%加热（注意不要使电流过大，以免设备突然受热而损坏）。待釜液沸腾，开启塔身保温电源，调节保温电流，建议夏季保温电流在 0～0.2A 之间，冬季在 0.2～0.4A 之间。其中下段加热电流应大于上段加热电流。

(4) 记录数据，取样分析

当塔顶有液体出现，待全回流 10～15min 后启动原料罐蠕动泵开始进料，实验按规定条件进行。一般可把回流比设定在 3～5 之间。进料后仔细观察塔釜和塔顶温度，每 10min 记录一次温度数据，及时调节进出料。当塔釜液位较高时，需要打开旋转侧口玻璃旋塞，不断排出反应生成的水，使塔处于平衡状态。每隔 30min 用小样品瓶取塔顶与塔釜流出液，称重并分析其组成。在稳定操作下用微量注射器在塔身不同高度的取样口内取液样，注入色谱仪内，获得塔内组分浓度分布曲线。

(5) 实验结束

待塔釜温度升高至 90℃以上时，关闭塔釜加热。关闭冷却水。将塔顶产品罐的产品倒入烧杯，再加入适量的蒸馏水，充分振荡，然后加入分液漏斗中，放置在试管架上静置分离 20～30min。放出分液漏斗下部的水并准确称重，然后将上部的产品乙酸乙酯也准确称重，分别用色谱进行分析。至少重复分析两次。

本精馏操作是在常压下进行。塔釜差压计的主要作用是防止加热功率过大，短时间内产生大量蒸气，发生危险。通常在控制得当的情况下釜内压力为 200～500Pa，没有爆炸危险。当塔釜温度高于 95℃时，应停止塔釜加热。

五、实验数据记录与处理

实验数据记录于表 3-9、表 3-10。

表 3-9　实验结果数据记录表

塔釜产品质量/g	乙醇加入量/g	乙酸加入量/g

表 3-10　反应温度原始记录表

时间/min	塔釜温度/℃	塔顶温度/℃	下段电流/A	上段电流/A	回流比
0					
10					
20					
30					
40					
50					
60					
70					

六、思考题

1. 怎样设置色谱分析条件才能使分析的峰形最好？结合自己的实验结果进行说明。

2. 反应精馏的原料转化率和收率受哪些因素影响？如何设置实验条件才能尽可能提高转化率和收率？

3. 怎样对反应精馏塔做物料衡算？试举例说明。

4. 与常规反应和精馏相比，反应精馏有什么优点？试从工艺和能耗两方面分析。

5. 不同回流比对产物的分布影响如何？

6. 采用釜内进料，操作条件要如何设置，酯化率才能够提高？

7. 进料摩尔比应保持多少为最佳？

8. 能否用实验数据进行模拟计算？如果数据不充分，还要测定哪些数据？

七、注意事项

当回流比增大时，产物乙酸乙酯的浓度增大，但当回流比过大时，传质推动力减小，理论塔板数增加，需要的投资费用增加。所以要控制适宜的回流比。

实验五　内循环无梯度反应

一、实验目的

1. 能够正确描述内循环无梯度反应器系统、气相色谱分析系统的工作原理、工艺结构与操作过程。

2. 能够正确阐述乙醇脱水反应的基本原理，正确操作实验仪器。

3. 能够应用定性、定量的反应产物分析方法处理实验数据。

二、实验原理

乙醇脱水是制备乙烯最简单的方法。常用的催化剂有三种：浓硫酸适用于液相反应，反应温度约 170℃；三氧化二铝适用于气-固相反应，反应温度约 360℃；分子筛催化剂适用于气-固相反应，反应温度约 300℃。

本实验选用 Al_2O_3 催化剂，其属于分子筛类催化剂，特点是乙烯收率较高。乙醇脱水实验属于平行反应，既可以进行分子内脱水生成乙烯，又可以进行分子间脱水生成乙醚。通常，较低温度有利于生成乙醚，较高温度有利于生成乙烯。因此，对于乙醇脱水这样一个复合反应，随着反应条件的变化，脱水过程的机理也会有所不同。

$$2C_2H_5OH \longrightarrow C_2H_5OC_2H_5 + H_2O$$

$$C_2H_5OH \longrightarrow C_2H_4 + H_2O$$

三、实验装置与流程

1. 实验装置

该装置由反应系统和控制系统组成，反应器为内循环无梯度反应器，不锈钢材质。自由空间 145mL，设计搅拌转速 3000r/min，设计压力 12MPa，使用温度为常温～500℃，催化剂筐容积 12mL。反应器内部设置两个测温点，一个筐底测温口，一个筐口测温口，以便测出不同反应器位置的温度。加热炉采用一段控温，于炉子顶部内插一根控温热电偶，控制加热炉的加热功率，加热功率 2kW。预热器外径 16mm，内径 10mm，长度 250mm，预热炉加热功率 0.5kW。

反应加热炉为圆形闭式炉，加热炉 ϕ300mm×250mm，加热功率 2kW，温度控制灵活，控温与测温数据均由触摸屏显示。

主要试剂有无水乙醇（分析纯）和原料气氮气（钢瓶装）。

2. 实验流程

本实验采用常压内循环无梯度反应装置系统，装置流程如图 3-17 所示。该装置由控制系统、反应系统和检测系统组成。反应系统包括气体质量流量计 3、蠕动泵 2、预热器 4、内循环无梯度反应器、冷凝器 9、气液分离器 10 和湿式气体流量计 12；控制系统为触控一体机；检测系统包括气相色谱仪、色谱工作站和计算机。

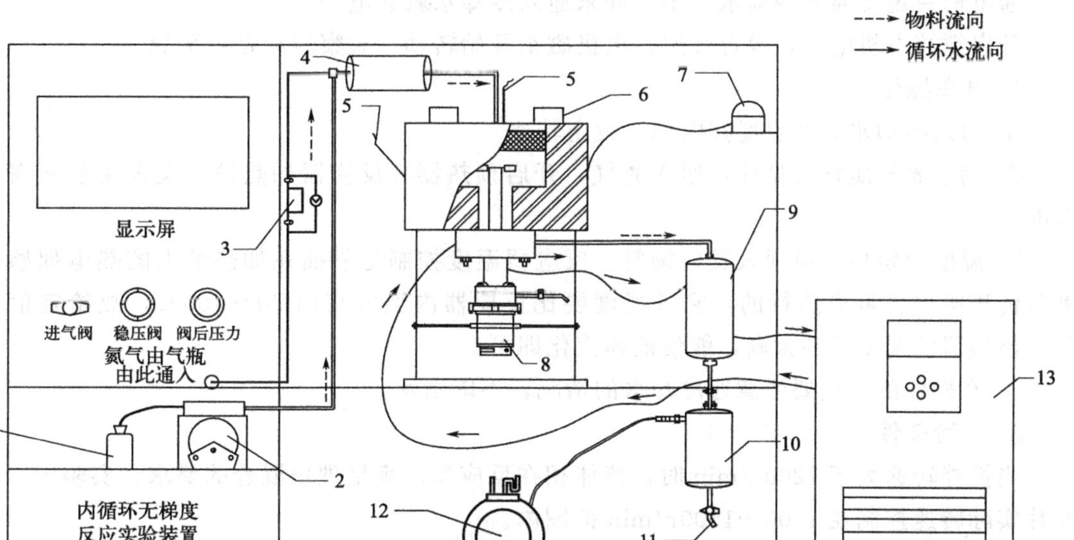

图 3-17 内循环无梯度反应实验流程图

1—试剂瓶；2—蠕动泵；3—气体质量流量计；4—预热器；5—温度传感器；6—手柄；7—报警器；8—电动机；9—冷凝器；10—气液分离器；11—取样口；12—湿式气体流量计；13—冷却水循环水箱

氮气钢瓶出来的氮气减压后经气体质量流量计 3 计量，与从蠕动泵 2 打出的乙醇混合进入预热器，在此乙醇汽化并与氮气充分混合均匀，从预热器 4 出来的混合气进入无梯度反应器，从上而下经过床层，反应产物从反应管下端出来，可以直接经保温进入气相色谱采样分析，也可经冷凝器 9 和气液分离器 10 分离后进入气相色谱采样分析。分析结束后，改变实验条件，体系稳定期间产品经过气体冷凝器 9 冷凝，进入气液分离器 10，尾气经湿式气体流量计 12 计量后排空，液相经气液分离器下端取样口 11 取样。改变气液流量等实验条件，进行多组实验。

预热温度和反应温度由触控一体机自动控制。反应前乙醇由蠕动泵精确计量；反应后，气体流量由湿式气体流量计测定，气、液体的组成用气相色谱定量分析，进而计算出一定条件下反应的转化率、乙烯的选择性、收率。实验时，应在反应条件稳定 30min 后测取数据，然后改变温度、进料流率等反应条件，开始新条件下的实验。

四、实验步骤

1. 操作前的准备工作

① 检查反应器：拆卸接头后，将加热炉取出，卸掉螺栓，抬起反应器上盖，露出催化剂筐，检查筒体与催化剂筐是否清洁，如有脏污可用丙酮清洗。装好催化剂，盖上反应器上盖，拧紧螺栓。

② 试漏：将热电偶插入各测定点，检查气体进、出口连接点是否紧密，确定反应介质是气体还是液体，若是液体（可燃易爆物）则要用氮气吹扫，充压至 0.1MPa，5min 后压力不下降为合格。

检查电路和各加热线及测温点接头是否与标志相符，无误后方可使用。

通电前一定要通入冷却水，不允许未通入冷却水就通电。

开启搅拌电机电源，设定转速，电机磁钢开始转动，观察转动是否平稳。

2. 开车操作

① 通入冷却水，开启搅拌电源，设定转速。

② 调节氮气质量流量计，通入氮气，开启预热器与反应器加热炉，设定实验所需要的温度。

③ 温度稳定后，可通入反应物料。反应器温度控制是靠插在加热炉上的热电偶感知温度后传送给仪表再去执行的，它的温度要比反应器内温度高出 50～100℃，故给定值要高些。预热器的温度不要太高，能使液体汽化即可。

④ 在操作的时候要注意通冷却水的情况，不能断水。

3. 实验条件

当搅拌转速大于 1200r/min 时，流体相在反应器内满足理想混合的要求。实验中，搅拌叶片实际转速控制在 1300～1500r/min 范围内。

色谱分析条件如下。

① 色谱柱：癸二酸与 GDX-103 混合固定相，3m×0.25mm，不锈钢柱。

② 检测器：本实验采用 TCD 检测器，载气为氢气。

③ 柱温：由实验知，随着柱温的降低，保留时间增加，但温度过高（大于 120℃），容易使基线偏移较大。综合考虑，柱温选择 100℃。

④ 载气流速：在一定范围内（20～40mL/min），载气流速对组分分离影响不大，载气流速的增加可显著降低保留时间，但载气流速对热导检测器灵敏度有明显影响，载气流速越高，检测灵敏度越低。综合考虑，载气流速在 30mL/min 左右为宜。

最后确定的色谱分析条件：载气为 H_2，柱温 100℃，汽化温度 125℃，检测温度 125℃，载气流速 30mL/min，桥电流 100mA。

4. 实验步骤与数据记录

开启反应系统：

① 给无梯度内循环反应器通冷却水，然后按照反应器操作步骤操作；

② 根据实验点设置所需温度；

③ 待预热温度达到 110℃时，开启蠕动泵；

④ 预热 10min 后，排气，调节流量向反应器进料。

开启检测系统：

进行上述操作的同时，开启气相色谱仪，开启数据采集与处理的计算机，连接色谱工作站，调节至正常后进行样品分析。

5. 停车

① 关闭反应器加热炉电源和预热器电源，不要停止通冷却水，待反应器温度降至 100℃以下时方可停水。

② 停止加料后要通入惰性气体吹扫。

③ 设定反应器搅拌转速为零，关闭电源，停止搅拌。

④ 关闭总电源。

五、实验数据记录与处理

① 反应温度曲线平稳后，按下蠕动泵键，同时快速排出产物液样。

② 每隔 30min 从湿式流量计观测一次气相产物的流量，并通过色谱仪分析气样组成。

③ 30min 后，用干燥小烧杯接取液相产物，称其质量，分析液样组成，重复 3 次。

④ 改变流量或反应温度，开始新条件下的实验。

实验数据记录于表 3-11、表 3-12。

表 3-11 以 Al_2O_3 为催化剂进行乙醇裂解实验的原始数据

温度 T/℃	进料	出料							
		裂解气					裂解液		
	V_F/(mL/min)	V_g/(mL/min)	$\overline{y}_0$/%	$\overline{y}_w$/%	$\overline{y}_e$/%	$\overline{y}_A$/%	w/(mg/min)	$\overline{x}_w$/%	$\overline{x}_A$/%
340	1.0								
	2.0								
360	1.0								
	2.0								
380	1.0								
	2.0								

V_F 为乙醇进料流率，mL/min；V_g 为气相产物生成速率，mL/min；$\overline{y}_0$ 为气相产物中乙烯的含量（摩尔分数），%；$\overline{y}_w$ 为气相产物中水的含量（摩尔分数），%；$\overline{y}_e$ 为气相产物中乙醚的含量（摩尔分数），%；$\overline{y}_A$ 为气相产物中乙醇的含量（摩尔分数），%；w 为液相产物生成质量速率，mg/min；$\overline{x}_w$ 为液相产物中水的含量，%；$\overline{x}_A$ 为液相产物中乙醇的含量，%。

产物中各组分的摩尔分数可以按下式求出：

$$x_i = A_i f_i / \left(\sum_{j=1}^{n} A_j f_j\right)$$

式中，x_i 为尾气中组分 i 的摩尔分数；A_i 为组分 i 的色谱峰面积；f_i 为组分 i 在热导池检测器上的校正因子；n 为尾气中所含的组分数。

表 3-12　以 Al_2O_3 为催化剂进行乙醇脱水实验原始数据处理结果

温度 T/℃	进料量 V_F/(mL/h)	空速(V_F/V_R)/h^{-1}	转化率 x	选择性 S	收率 Y
340					
340					
360					
360					
380					
380					

乙醇的转化率 x：

$$x=\frac{反应的乙醇物质的量}{原料中乙醇的物质的量}\times 100\%$$

生成乙烯的选择性 S：

$$S=\frac{生成乙烯的物质的量}{生成乙烯的物质的量+生成乙醚的物质的量}\times 100\%=\frac{\overline{y}_0}{\overline{y}_0+\overline{y}_e}\times 100\%$$

乙烯的收率 Y：

$$Y=\frac{生成乙烯的物质的量}{原料中乙醇的物质的量}\times 100\%=x\times S\times 100\%$$

可以将多个反应结果进行比较，找出适宜的反应条件。

六、思考题

1. 通过实验，可以发现影响乙醇脱水结果的因素有哪些？具体影响程度如何？
2. 气相色谱实现组分分离的主要原因是什么？
3. 无梯度反应器有几种类型？工作原理是什么？

七、注意事项

1. 在设备调试和反应时，通入惰性气体后方可开启预热器与反应器加热炉，尽量避免系统空载加热导致设备受热不均，损坏设备。
2. 实验前，一定要检查管路的气密性，经湿式气体流量计排空的少量尾气要排到室外。
3. 实验结束后，检查水、电、气的阀门，确认关闭后才能离开实验室。

实验六　停留时间分布测定

一、实验目的

1. 能够正确阐述停留时间分布的测定原理及其数据处理方法。
2. 能够对反应器进行模拟计算，求出流动模型参数。
3. 能够根据停留时间分布测定结果，判定反应器内物料的混合状况和改进反应器的方法。

4. 能够分析管式反应器、串联釜式反应器对化学反应的影响规律，分析停留时间对釜式反应器和管式反应器的影响。

二、实验原理

在简单的化学反应体系中，化学反应进行的程度与反应物料在反应器内停留时间的长短有关，时间越长，反应进行得越完全。对于间歇反应器，因为反应物是一次装入，所以在任何时刻反应器内所有物料的停留时间都是一样的，不存在停留时间分布问题。而对于流动系统，由于流体连续不断地流入系统而又连续地从系统流出，且流体在反应器内流速分布不均匀，存在流体扩散以及反应器内死区等问题，流体的停留时间问题比较复杂，不像间歇反应器那样是同一个值，由停留时间分布来描述。

物料在反应器内的停留时间分布是连续流动反应器的一个重要性质，可定量描述反应器内物料的流动特性。物料在反应器内停留时间不同，其反应的程度也不同。通过测定流动反应器停留时间，既可由已知的化学反应速度计算反应器物料的出口浓度、平均转化率，还可以了解反应器内物料的流动混合状况，确定实际反应器对理想反应器的偏离程度，从而找出改进和强化反应器的途径。通过测定停留时间分布，求出反应器的流动模型参数，为反应器的设计及放大提供依据。

多釜串联混合性能测定实验装置是测定带搅拌器的釜式液相反应器以及管式反应器内物料返混情况的一种设备，可以加深对釜式与管式反应器流动特性的了解。设备操作通常是在固定搅拌转速和液体流量的条件下，加入示踪剂，由各级反应釜流出口测定示踪剂浓度随时间变化的曲线，再通过数据处理证明返混对釜式反应器的影响，并能通过计算机得到停留时间分布密度函数与三釜串联流动模型的关系。此外，也可通过与管式反应器进行对比实验，进而更深刻地理解各种反应器的特性。

本实验为典型的多釜串联性能测定实验，此实验模拟化学工业中最具代表性的釜式反应，是一个接近实际情况的反应体系，串联釜式反应器比单釜反应器有更充分的停留时间，使反应更加完全，理想反应釜单釜流动状况接近全混流，多釜串联则接近平推流。

在连续流动的管式反应器内，不同停留时间的物料之间的混合称为返混。

返混程度的大小与循环流量有关，通常定义循环比 R 为

$$R=\frac{\text{循环物料的体积流量}}{\text{离开反应器物料的体积流量}}$$

其中，离开反应器的物料体积流量就等于进料的体积流量。

循环比 R 是连续均相管式循环反应器的重要特征，可自 0 变至无穷大。当 $R=0$ 时，相当于平推流管式反应器；当 $R=\infty$时，相当于全混流反应器。

因此，对于连续均相管式循环反应器，可以通过调节循环比 R，得到不同返混程度的反应系统。一般情况下，循环比大于 20 时，系统的返混特性已经非常接近全混流反应器。

停留时间分布测定所采用的方法主要是示踪响应法。它的基本思路是：在反应器入口以一定的方式加入示踪剂，然后通过测量反应器出口处示踪剂浓度的变化，间接地描述反应器内流体的停留时间。常用的示踪剂加入方式有脉冲输入、阶跃输入和周期输入等。本实验选用的是脉冲输入法。

脉冲输入法是在极短的时间内，将示踪剂从系统的入口处注入主流体，在不影响主流体原有流动特性的情况下随之进入反应器。与此同时，在反应器出口检测示踪剂浓度 $C(t)$ 随时间的变化。整个过程可以用图 3-18 形象地描述。

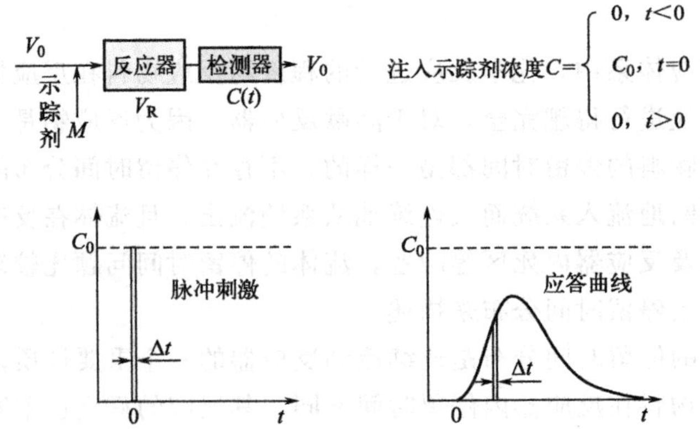

图 3-18　脉冲法停留时间分布

在反应器出口处测得的示踪剂浓度 $C(t)$ 与时间 t 的关系曲线叫响应曲线。由响应曲线就可以计算出 $E(t)$ 与时间 t 的关系，并绘出 $E(t)$-t 曲线。根据 $E(t)$ 的定义得：

$$VC(t)\mathrm{d}t=mE(t)\mathrm{d}t \tag{3-16}$$

所以

$$E(t)=\frac{VC(t)}{m} \tag{3-17}$$

式中，V 表示主流体的流量，L/h；$C(t)$ 为示踪剂浓度，g/L；m 为示踪剂的加入量，g。由式(3-16) 即可根据响应曲线求停留时间分布密度函数 $E(t)$。

关于停留时间分布的另一个统计函数是停留时间分布函数 $F(t)$，即：

$$F(t)=\int_0^t E(t)\mathrm{d}t \tag{3-18}$$

停留时间与停留时间分布函数 $F(t)$、停留时间分布密度函数的关系见图 3-19。

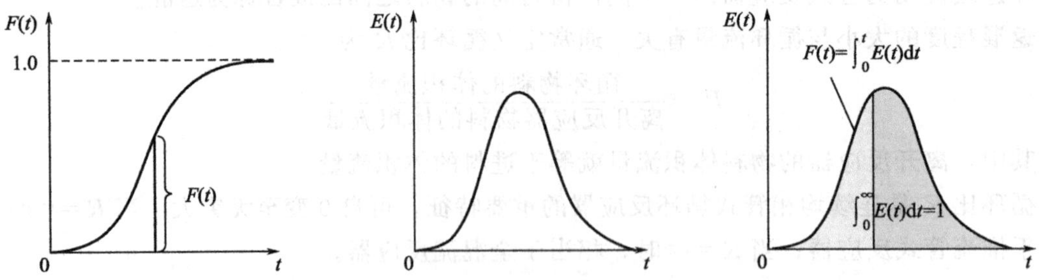

图 3-19　停留时间与停留时间分布函数 $F(t)$、停留时间分布密度函数 $E(t)$ 的关系

物料在反应器内的停留时间是随机的，需用概率分布方法来描述。用停留时间分布密度函数 $E(t)$ 和停留时间分布函数 $F(t)$ 来描述系统的停留时间，具有很好的统计分布规律。停留时间分布密度函数 $E(t)$ 有两个概率特征值，即平均停留时间（数学期望）和方差。停留时间分布密度函数 $E(t)$ 的物理意义是：同时进入的 N 个流体粒子中，停留时间介于 t

到（$t+\mathrm{d}t$）的流体粒子所占的比例，$\mathrm{d}N/N$ 为 $E(t)\mathrm{d}t$。停留时间分布函数 $F(t)$ 的物理意义是：流过系统的物料中停留时间小于 t 的物料所占的比例。

数学期望对停留时间分布而言就是平均停留时间，即：

$$\bar{t}=\frac{\int_0^{\infty} tE(t)\mathrm{d}t}{\int_0^{\infty} E(t)\mathrm{d}t}=\int_0^{\infty} tE(t)\mathrm{d}t \tag{3-19}$$

方差 σ_t^2 是和理想反应器模型关系密切的参数，表示对均值的离散程度，方差越大，则分布越宽。其定义如下：

$$\sigma_t^2=\frac{\int_0^{\infty}(t-\bar{t})^2E(t)\mathrm{d}t}{\int_0^{\infty}E(t)\mathrm{d}t}=\int_0^{\infty}(t-\bar{t})^2E(t)\mathrm{d}t=\int_0^{\infty}t^2E(t)\mathrm{d}t-\bar{t}^2 \tag{3-20}$$

由式(3-17) 可见，$E(t)$ 与示踪剂浓度 $C(t)$ 成正比。因此，本实验中用水作为连续流动的物料，以饱和氯化钾作为示踪剂，在反应器出口处检测溶液的电导率。在一定范围内，氯化钾浓度与电导率成正比，则可用电导率来表达物料的停留时间变化关系，即 $E(t)\propto L(t)$。这里 $L(t)=L_t-L_{\infty}$，L_t 为 t 时刻的电导值，L_{∞} 为无示踪剂时的电导率。

平均停留时间 $\bar{t}$ 和方差 σ_t^2，可由实验数据计算得到。若用离散形式表达，并取相同的时间间隔 Δt，则：

$$\bar{t}=\frac{\int_0^{\infty}tE(t)\mathrm{d}t}{\int_0^{\infty}E(t)\mathrm{d}t}=\frac{\int_0^{\infty}tC(t)\mathrm{d}t}{\int_0^{\infty}C(t)\mathrm{d}t}=\frac{\int_0^{\infty}tL(t)\mathrm{d}t}{\int_0^{\infty}L(t)\mathrm{d}t}$$

$$\bar{t}=\frac{\sum tE(t)\Delta t}{\sum E(t)\Delta t}=\frac{\sum tc(t)}{\sum c(t)}=\frac{\sum t\times L(t)}{\sum L(t)}$$

$$\sigma_t^2=\frac{\int_0^{\infty}t^2E(t)\,\mathrm{d}t}{\int_0^{\infty}E(t)\,\mathrm{d}t}-\bar{t}^2$$

$$\sigma_t^2=\frac{\sum t^2\times E(t)\Delta t}{\sum E(t)\Delta t}-\bar{t}^2=\frac{\sum t^2\times C(t)}{\sum C(t)}-\bar{t}^2=\frac{\sum t^2\times L(t)}{\sum L(t)}-\bar{t}^2$$

若用无量纲次对比时间 θ 来表示，即 $\theta=t/\bar{t}$，无量纲方差 $\sigma_\theta^2=\sigma_t^2/\bar{t}^2$。

在测定了一个系统的停留时间分布后，若要评价其返混程度，则需要用反应器模型来描述，这里我们采用的是多釜串联模型。所谓多釜串联模型是将一个实际反应器中的返混情况与若干个全混釜串联时的返混程度等效。这里的全混釜个数 n 是虚拟值，并不代表反应器个数，n 称为模型参数。多釜串联模型假定每个反应器为全混釜，反应器之间无返混，每个全混釜体积相同，则可以推导得到多釜串联反应器的停留时间分布函数关系，并得到无量纲方差 σ_θ^2 与模型参数 n 的关系为

$$n=\frac{1}{\sigma_\theta^2}=\frac{\bar{t}^2}{\sigma_t^2}$$

当 $n=1$、$\sigma_\theta^2=1$，为全混釜 CSTR 特征；当 $n\to\infty$、$\sigma_\theta^2\to 0$，为平推流 PFR 特征。

当 n 为整数时，代表该非理想流动反应器可以用 n 个等体积的全混流反应器串联来建立模型。当 n 为非整数时，可以用四舍五入的方法近似处理。

图 3-20 为 n 为 1、∞和中间值时 t 与 $E(t)$ 之间的关系。通过 t 与 $E(t)$ 之间的关系可以判断体系的返混程度。

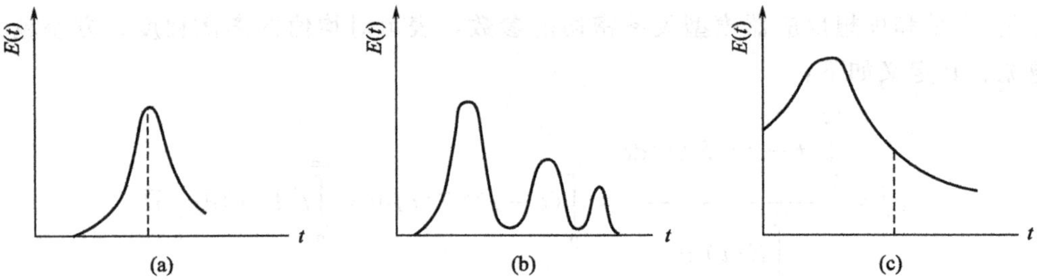

图 3-20　当 n 为 1、∞和中间值时 t 与 $E(t)$ 之间的关系

三、实验装置

装置流程图见图 3-21。

1. 三釜串联实验流程

开启计算机设置实验条件，水由磁力泵 2 打入，经流量计 6 计量后进入反应釜一 7，流经反应釜二 8、反应釜三 9，最后进入下水系统。待液位稳定后，开启搅拌开关，调节转速，从反应釜一 7 加入一定量的示踪剂，记录数据完成实验。改变测试条件，进行多组实验。

2. 管式反应器实验流程

开启计算机设置实验条件，水由磁力泵 2 打入，经转子流量计 5 计量后从管式反应器底部进入反应器，从顶部由循环水泵 14 打入循环水到管式反应器入口。根据实验条件调节好循环比，待系统稳定后，从管式反应器底部加入一定量的示踪剂，记录数据完成实验。改变测试条件，进行多组实验。

操作温度为常温；操作压力为常压；管式反应器容积 1L；串联反应釜容积 1L，3 个，带搅拌，且搅拌速率可调；示踪剂为 KCl 饱和溶液，通过注射器注入反应器内，混合后由出口处电导仪检测，电导信号反馈到中控单元再传输到计算机，记录下电导率变化曲线。绘制停留时间分布密度函数 $E(t)$-t 曲线，并计算出平均停留时间和方差。流量用转子流量计测量，量程分别为 6～60L/h、2.5～25L/h、16～160L/h。温度传感器型号为 PT100。

公用设施：水，装置自带水箱，连接自来水接入；电，电压 220V，功率 0.5kW，标准单相三线制；实验材料为水-KCl。

四、实验步骤

1. 准备工作

配制饱和 KCl 溶液，检查电极导线连接是否正确，检查仪表柜内接线有无脱落。向水

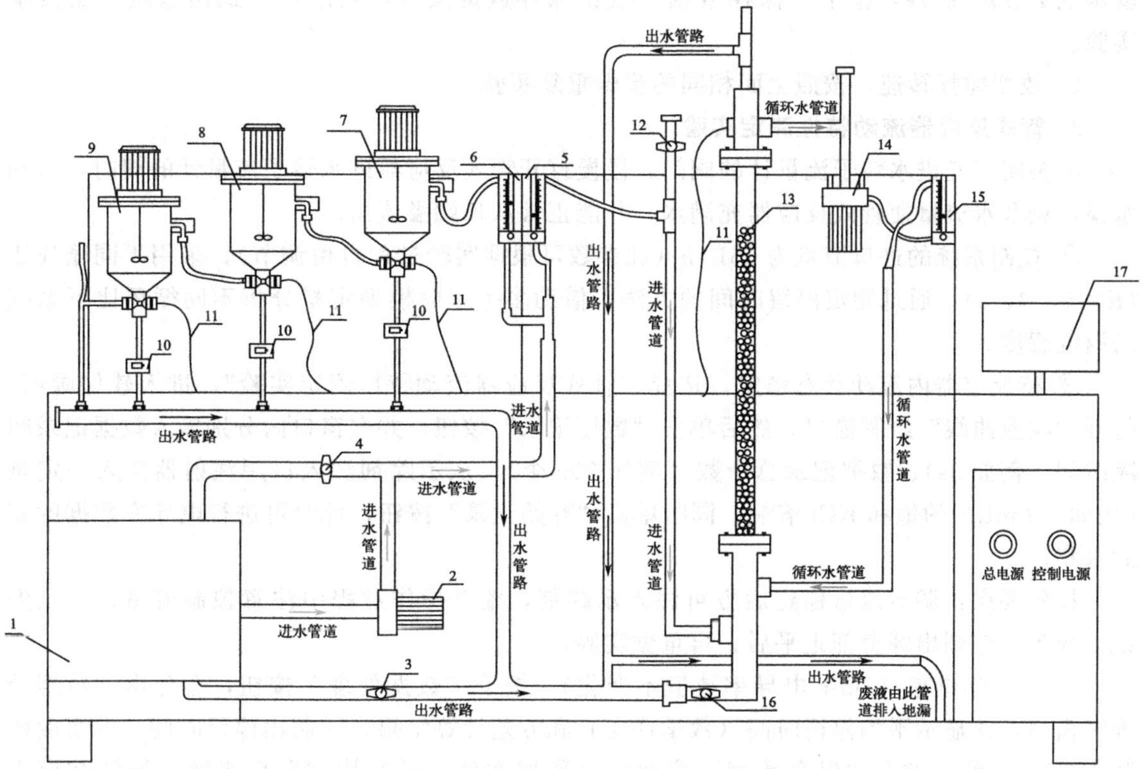

图 3-21　多釜串联混合性能测定实验装置流程图

1—水箱；2—磁力泵；3—水箱排水阀；4—分流阀；5—转子流量计；6—流量计；7—反应釜一；8—反应釜二；9—反应釜三；10—排液阀；11—电导率测量导线；12—排空阀；13—管式反应器；14—循环水泵；15—循环水流量计；16—反应器排水阀；17—主控平板

箱内注满水，打开磁力泵出口分流阀 4，并检查各阀门开关状况。

2. 三釜串联实验

① 启动磁力泵，调节分流阀 4，将反应釜三转子流量计数值维持在 6～60L/h 之间（注意：初次通水必须排净管路中气泡，然后关闭三釜下端的三个排水阀，关闭管式反应器进水转子流量计的阀门），使各釜充满水，并能正常从最后一级流出。

②分别开启反应釜一、反应釜二、反应釜三搅拌开关，调节转速，使三釜搅拌程度大致相同，转速维持在 0～200r/min。开启电导仪开关，电导率分别“调零”。调整完毕，备用。

③ 开启计算机，在桌面上双击“管式反应器停留时间分布测定实验装置”图标，进入后选择“三釜串联实验”，进入软件画面。首先输入界面右侧变量，此变量只用于实验条件的记录，不参与实验计算。如在窗口内分别输入数据记录间隔时间（比如 2s）、数据记录总个数（比如 200 个）等。待搅拌转速稳定，且反应釜一、反应釜二流体分别可以向后一级流出，同时三个釜液位保持一致，此时点击三釜电导率数据“清零”按钮，将数据清零，然后用注射器向反应釜三的示踪剂注入口注入一定量（比如 2.0mL）的饱和 KCl 溶液，同时单击“开始记录”按钮，此时可进行电导率数据的实时采集。

④ 待采集结束（2min 电导率数值不变化），则按下“停止记录”按钮，之后点击“数据处理”窗口，会显示平均停留时间（数学期望）和方差计算结果，绘制出停留时间分度密

度函数 $E(t)$-t 曲线，按下“保存数据”按钮保存数据文件，最后按“退出系统”结束本实验。

⑤ 改变搅拌转速，按照上面相同的步骤重复实验。

3. 管式反应器流动特性测定实验

①关闭三釜进水转子流量计的阀门，慢慢打开管式反应器进水转子流量计的阀门，启动水泵，调节水流量使管式反应器充满水，并能正常从顶端溢流出。

② 控制系统的进口流量为15L/h（此参数可根据实验过程自由调节），采用不同循环比（$R=0$、3、5），通过测定停留时间的方法，借助多釜串联模型定量分析不同循环比下系统的返混程度。

③ 待反应器内流动状态稳定，选择“管式反应器流动特性测定实验”，进入软件画面，打开“响应曲线”绘制窗口，然后单击“数据记录”按钮，并在窗口内分别输入数据记录间隔时间（例如3s）、数据记录总个数（例如200个），从示踪剂注入口用注射器注入一定量（例如2.0mL）的饱和KCl溶液，同时单击“开始记录”按钮，此时可进行电导率数据的实时采集。

操作要点：调节流量稳定后方可注入示踪剂，整个操作过程中注意控制流量；一旦失误，应等示踪剂出峰全部走平后，再重做实验。

④ 待采集结束（2min电导率数值不变化），按下“数据处理”按钮，会弹出“数据处理”窗口，并显示平均停留时间（数学期望）和方差计算结果，绘制出停留时间分度密度函数 $E(t)$-t 曲线，按下“保存数据”按钮保存数据文件，最后按“退出系统”按钮结束本实验。

⑤ 改变循环比 $R=0$、3、5，重复步骤②③④。

4. 实验结束

先关闭磁力泵，再依次关闭流量计、电导率仪、设备总电源，退出实验程序，关闭计算机；打开排液阀10、水箱排水阀3、排空阀12、反应器排水阀16，将水排空。

五、实验数据记录与处理

实验数据记录于表3-13。

表3-13 数据处理计算结果

反应器	$\bar{t}$/s	$\sigma_t^2/\bar{t}^2$	σ_θ^2	n	循环比
反应釜一					1
反应釜二					2
反应釜三					3
管式反应器					0
					3
					5

六、思考题

1. 示踪剂的输入方法有几种？这些方法有何区别？

2. 请分析多釜串联实际反应器偏离理想流动模型的原因。

3. 如何判断进入管式反应器中的示踪剂浓度已稳定？如何判断示踪剂已基本离开反应器？

七、注意事项

1. 示踪剂 KCl 中的氯离子与搅拌桨长时间接触会对搅拌桨造成腐蚀，建议实验结束后继续通清水，对釜内壁特别是搅拌桨的叶片进行冲洗，最后将水排净。

2. 在启动磁力泵前，必须保证水箱内有水，长期使磁力泵空转会使磁力泵温度升高而损坏磁力泵。第一次运行磁力泵时，须排出磁力泵内的空气。不进料时应及时关闭进料泵。

3. 若搅拌时有异常声音，应检查搅拌轴是否处于合适位置。

第四章

分离工程实验

实验一　共沸精馏

一、实验目的

1. 能阐述共沸精馏的原理及其过程。
2. 能说明共沸精馏设备各个部件的作用，正确操作共沸精馏装置。
3. 能正确分析处理实验数据，列出并求解全塔物料衡算，获得塔顶、塔釜产品组成。
4. 学会使用气相色谱分析气、液相组成。
5. 能正确分析误差来源。

二、实验原理

精馏是利用不同组分在气液两相间的分配不同，通过多次传质和传热来达到分离的目的。但是对于溶液中相对挥发度差异不大的组分或易形成共沸物的体系，采用普通精馏的方法是很难分离的。例如，对于一定组成的乙醇和水的二元物系，由于乙醇和水易形成共沸物，而且常压下的共沸温度（78.1℃）和乙醇的沸点（78.3℃，表 4-1）极为相近，所以采用普通精馏方法只能得到乙醇和水的混合物，而无法得到无水乙醇。此时就需要在乙醇-水体系中加入第三组分，改变原有组分间的相对挥发度，同时与原体系中的一种或两种物质形成最低共沸物。在精馏过程中，第三组分将以共沸物的形式从塔顶蒸出，塔釜就会得到无水乙醇。这种方法就称为共沸精馏，加入的第三组分称为共沸剂。

表 4-1　乙醇、水、环己烷的常压沸点

物质名称(简记)	乙醇(A)	水(W)	环己烷(B)
沸点/℃	78.3	100	80.70

乙醇-水系统中加入的共沸剂为环己烷，依据加入共沸剂的量的不同，体系可以形成四种共沸物。现将它们在常压下的共沸温度、共沸组成列于表 4-2。

表 4-2 乙醇、水、环己烷形成的共沸物性质

共沸物(简记)	共沸点/℃	共沸物组成(质量分数)/%		
		乙醇	水	环己烷
乙醇-水-环己烷(T)	62.1	18.5	7.4	76.0
乙醇-环己烷(AB_Z)	62.8	30.5	0.0	69.5
环己烷-水(BW_Z)	69.5	0.0	8.8	91.2
乙醇-水(AW_Z)	78.1	95.6	4.4	0.0

从表 4-1 和表 4-2 各纯物质和共沸物的沸点来看，当乙醇组成为 95.6%时，乙醇与水体系易形成二元共沸物，此二元共沸物的共沸点（78.1℃）与乙醇沸点（78.3℃）相近，其余三种共沸物的共沸点与乙醇沸点均有 10℃左右的温度差。因此，可以设法使水和环己烷以共沸物的方式从塔顶分离出来，塔釜则得到无水乙醇。

整个精馏过程可以用图 4-1 来说明。图中 A、B、W 分别为纯的乙醇、环己烷和水。AB_Z、AW_Z、BW_Z 代表三个二元共沸物，点 T 表示三元共沸物。图中的弧形曲线为 25℃下的乙醇、水、环己烷三元共沸物的溶解度曲线。该曲线的下方为两相区，上方为均相区。如图所示三元共沸组成点 T 处在两相区内。

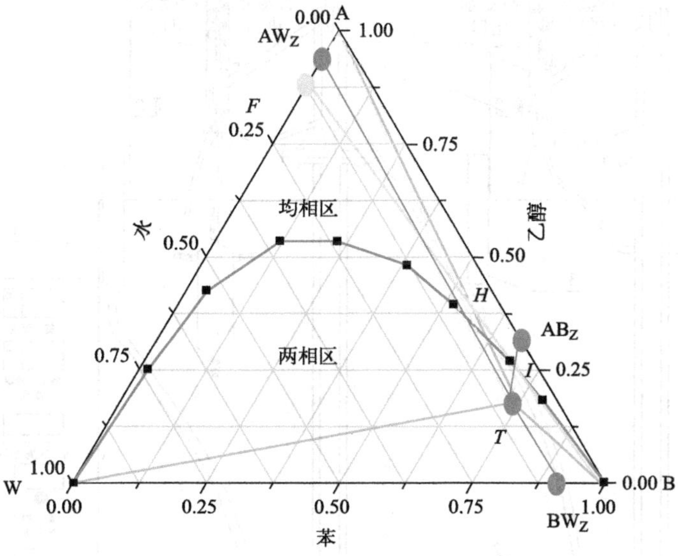

图 4-1 乙醇-环己烷-水三元相图

以 T 点为中心，连接三种纯物质 A、B、W 及三个二元共沸物组成点 AB_Z、AW_Z、BW_Z，将该图分为六个小三角形。如果原料液的组成点落在某个小三角形内，当塔顶采用混相回流时精馏的最终结果只能得到这个小三角形三个顶点所代表的物质。故要想得到无水乙醇，就应该保证共沸精馏原料液的组成落在包含顶点 A（乙醇）的小三角形内，即在 $\triangle ATAB_Z$ 或 $\triangle ATAW_Z$ 内。而从沸点看，乙醇-水的共沸点和乙醇的沸点仅差 0.2℃，就本实验的技术条件而言无法将其分开。而乙醇-环己烷的共沸点与乙醇的沸点相差 15.5℃，很容易将它们分离。所以分析的最终结果是将原料液的组成控制在$\triangle ATAB_Z$中。

图 4-1 中点 F 代表未加共沸剂时原料乙醇、水混合物的组成。随着共沸剂环己烷的加入，原料液的总组成将沿着 FB 连线变化，并与 AT 线交于 H 点（环己烷 0.51，乙醇 0.44，水 0.05），此时共沸剂环己烷的加入量称作理论共沸剂用量，它是达到分离目的所需最少的共沸剂量。

当 FB 连线与 TAB_Z 线交于 I 点时，共沸剂环己烷的加入量为最大共沸剂用量。

上述分析只限于混相回流的情况，即回流液的组成等于塔顶上升蒸气组成的情况。而塔顶采用分相回流时，由于富环己烷相中环己烷的含量很高，可以循环使用，因而环己烷的用量可以低于理论共沸剂的用量。分相回流也是实际生产中普遍采用的方法。它的突出优点是共沸剂的用量少，共沸剂提纯的费用低。

三、实验装置

本实验所用的精馏塔为内径 20mm×1400mm 和内径 20mm×1200mm 的玻璃塔。

如图 4-2 所示，塔内部装有 3mm×3mm 的 θ 环高效散装填料，塔釜为一只结构特殊的四口烧瓶（下部带出料阀）和一只普通的四口烧瓶（电加热套 6 加热）。上口与塔身相连，侧口用于测温和采样等。釜侧玻璃套管中插入一只测温热电阻 2，用于测量塔釜液相温度，

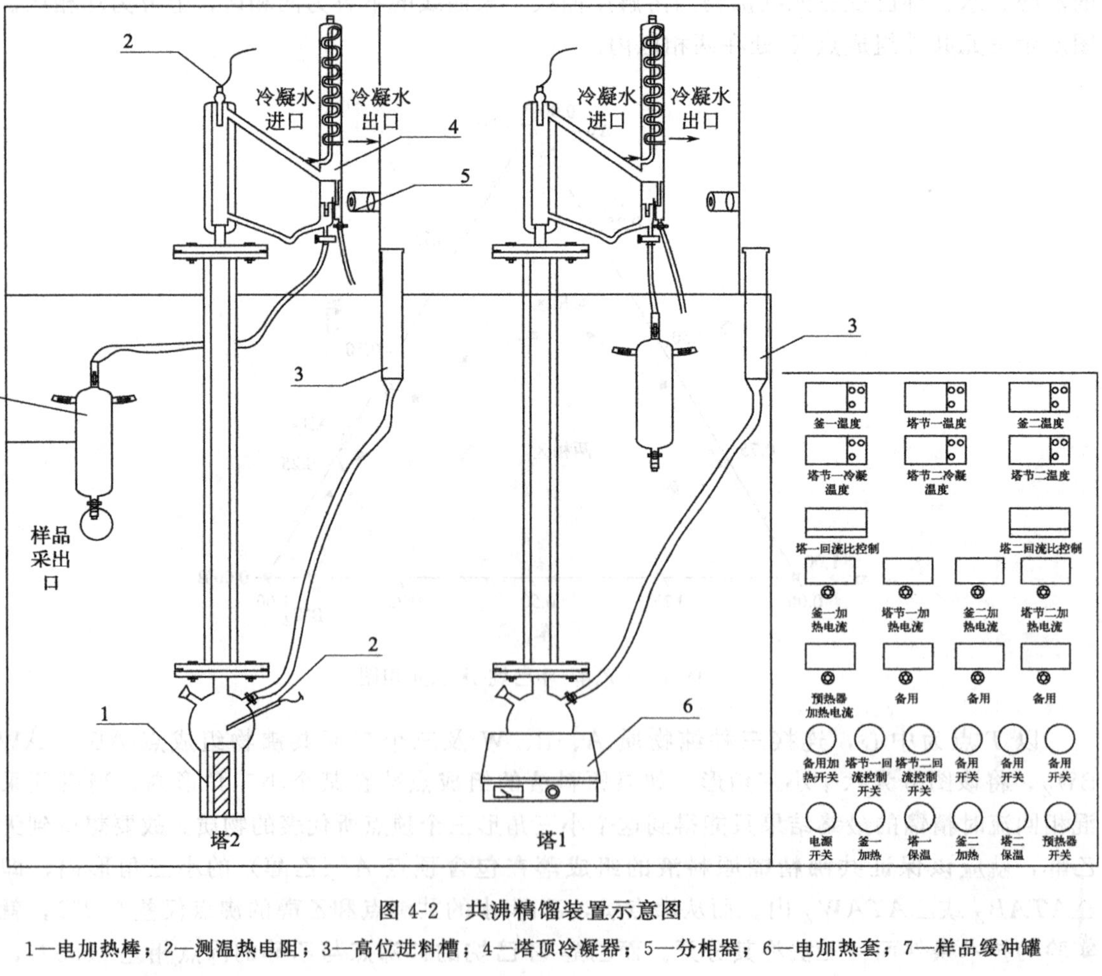

图 4-2　共沸精馏装置示意图

1—电加热棒；2—测温热电阻；3—高位进料槽；4—塔顶冷凝器；5—分相器；6—电加热套；7—样品缓冲罐

釜底玻璃套管装有电加热棒 1，采用电加热加热釜料，并通过旋钮控制加热温度，使塔釜的传热量基本保持不变。实验时，可将配备好的共沸组分倒入塔 1 高位进料槽 3，将适量共沸剂倒入塔 2 高位进料槽 3（作为实验过程中的补充）。原料通过连接管道进入塔釜，通入冷凝水并开始加热，塔釜加热沸腾后产生的蒸气经填料层到达塔顶冷凝器 4。为了满足各种不同操作方式的需要，在全凝器与回流管之间设置了一个特殊构造的容器——分相器 5。在进行分相回流时，它可以用作分相器兼回流比调节器；当进行混相回流时，它又可以单纯地作为回流比调节器使用。这样的设计既实现了连续精馏操作，又可进行间歇精馏操作。

实验试剂：乙醇 150g（化学纯，含量 95%），环已烷 212.55g（分析纯）。

四、实验步骤

1. 加料

按照共沸剂的用量范围称取一定量的 95%的乙醇和一定量的环已烷，加入塔釜中，同时加入沸石或几粒玻璃珠，以防暴沸。分别对原料乙醇和环已烷进行气相色谱分析，确定其组成。

2. 启动加热

向全凝器通入冷凝水，打开电源开关，开启塔釜加热。与此同时调节好超级恒温水浴装置的温度，并保证 25℃恒温。

3. 温度调节

为了使填料层具有均匀的温度梯度，可适当调节上下段保温，使全塔处在正常操作范围内。

4. 记录数据

每隔 10min 记录一次塔顶和塔釜温度，每隔 20min 用气相色谱分析一次塔顶馏出物和釜液组成。

5. 实验结束

连续精馏（分相回流）操作时，应选择适当的回流比，本组实验回流比选用 3∶1，选择适当的进料流量。同时保证塔顶为三元共沸物，塔底为无水乙醇。间歇精馏（混相回流）操作时，随着精馏过程的进行，塔釜液组成不断变化，当釜液浓度达到 99.5%以上，可停止实验。

塔顶馏出物中两相分离后，用气相色谱测出各相的组成，最后将收集起来的全部富水相称重。使用天平称出塔釜产品（包括釜液和塔釜出料两部分）的质量。切断设备供电电源，关闭冷却水，结束实验。

五、实验数据记录与处理

1. 数据记录

实验数据记录于表 4-3。

表 4-3 精馏过程各时刻实验记录

回流比	时刻 t /min	塔顶温度 /℃	塔顶组成（质量分数）/%	塔釜控温 /℃	塔釜组成（质量分数）/%
全回流	0				
	10				
	20				

续表

回流比	时刻 t /min	塔顶温度 /℃	塔顶组成（质量分数）/%	塔釜控温 /℃	塔釜组成（质量分数）/%
3∶1	30				
	40				
	50				
	55				
	60				
	65				
	70				

2. 数据处理

作全塔物料衡算，并对分相回流时共沸物形成的富水相和富环己烷相进行分析和衡算（混相回流只计算各组分组成即可），求出塔顶三元共沸物的组成。

3. 绘制溶解度曲线

绘制25℃下乙醇-水-环己烷三元物系的溶解度曲线。在图上标明共沸物的组成点，画出加料线，并对精馏过程作简要说明。

六、思考题

1. 共沸精馏的原理是什么？共沸剂的加入量如何确定？共沸剂能否更换为其他物质？
2. 全塔的物料衡算需要哪些物理量？具体的衡算方法是什么？
3. 实验结束的判定条件是什么？为什么？
4. 导致实验误差产生的原因可能是什么？

七、注意事项

1. 实验加热速率不能过快。
2. 开始加料时要小心托放四口烧瓶，防止破碎。
3. 取样分析前要保证全回流操作一段时间再取样。

实验二　萃取精馏

一、实验目的

1. 能阐述萃取精馏的原理及其过程。
2. 能说明萃取精馏设备各个部件的作用，正确操作萃取精馏装置。
3. 能正确分析处理实验数据，并获得萃取精馏塔和溶剂回收塔塔顶、塔釜产品组成。
4. 学会使用气相色谱分析气、液相组成。

5. 能正确分析误差来源。

二、实验原理

前已述及，通过加入第三组分（共沸剂）来分离溶液中相对挥发度差异不大的组分。如果加入的第三组分不与原系统中的任一组分形成共沸物，其沸点又较任一组分的沸点高，第三组分与重组分将随釜液离开精馏塔，塔顶得到轻组分，这种操作称为萃取精馏。加入的第三组分称为萃取剂。

由于萃取剂的沸点高于原溶液各组分的沸点，所以它总是从塔釜排出。为了在塔的绝大部分塔板上均能维持较高的萃取剂浓度，萃取剂加入口一定要在原料入口以上。但一般情况下，它又不能从塔顶引入，因为萃取剂入口以上必须还有若干块塔板，组成萃取剂回收段，以便使馏出物从塔顶引出之前能将萃取剂浓度降到可忽略的程度。萃取剂与重组分一起自萃取精馏塔底部引出后，送入萃取剂回收装置。一般用蒸馏塔将重组分自萃取剂中蒸出，再将萃取剂送回萃取精馏塔循环使用。通常情况下整个流程中萃取剂的损失是不大的，只需添加少量新鲜萃取剂补偿即可。

萃取剂用量对于萃取精馏的分离效果和经济性有很大影响。萃取剂的浓度较高时，原组分间的相对挥发度较大，分离所需的塔板数也较少。然而萃取剂用量增大，回收费用也增大。因此，萃取剂的最佳用量须通过经济核算来确定。当原料和萃取剂按一定比例加入时，还应考虑相应的最适宜回流比。操作时若增大回流比，在一定程度上会降低萃取剂浓度，可能会使分离效果变差。

三、实验装置

本实验所用的精馏塔为内径 30mm×1400mm（萃取精馏塔）和内径 30mm×1200mm（萃取剂回收塔）的玻璃塔。萃取精馏塔和萃取剂回收塔可实现独立操作，也可外配进料泵等配套设备实现连续操作。

如图 4-3 所示，双塔节均开 5 个侧口，可通过高位进料槽 8、转子流量计 9、预热器 3，加入萃取剂或原料，塔内部装有 3mm×3mm 的 θ 环高效散装填料，塔釜为一只结构特殊的四口烧瓶（下部带出料阀）和一只普通的四口烧瓶（电加热套加热）。上口与塔身相连，侧口用于测温和采样等。釜侧玻璃套管中插入一只测温热电阻 2，用于测量塔釜液相温度，釜底玻璃套管装有电加热棒 1，采用电加热加热釜料，并通过旋钮控制加热温度，使塔釜的传热量基本保持不变。塔釜加热沸腾后产生的蒸气经填料层到达塔顶冷凝器 4。

实验中涉及的实验试剂有乙醇、乙二醇等。

四、实验步骤

1. 萃取精馏塔实验

(1) 加料

向高位进料槽内注入乙二醇，另一个高位进料槽内注入水-乙醇混合液体。乙二醇加料口在上部，水-乙醇混合液加料口在下部。塔釜中加入 2/3 容积的料液，其组成为水 39%（质量分数，下同）、乙醇 61%，或乙醇 95.5%，同时向釜内注入少量的乙二醇，大约 60mL。

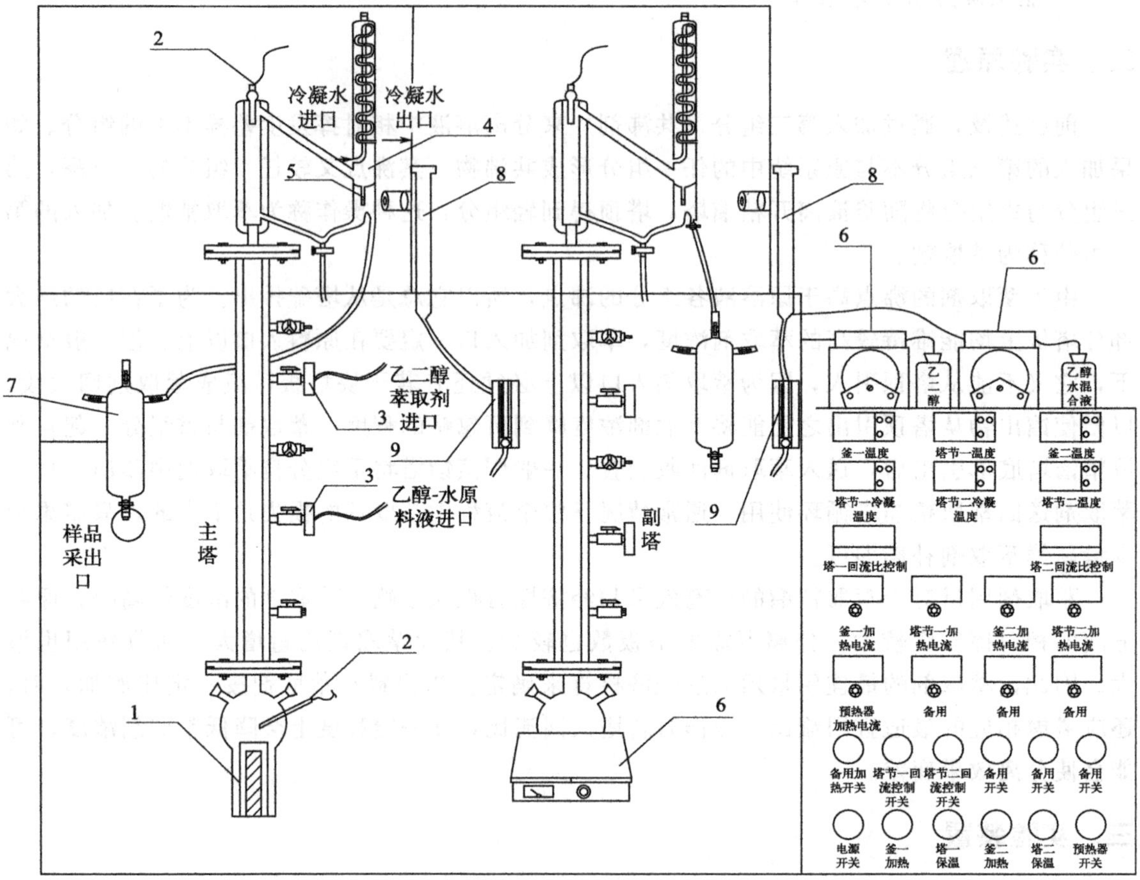

图 4-3 萃取精馏装置示意图

1—电加热棒；2—测温热电阻；3—预热器；4—塔顶冷凝器；5—采出装置；
6—进料泵；7—样品缓冲罐；8—高位进料槽；9—转子流量计

(2) 全回流

打开塔顶冷凝水，此后可进行升温操作。加热电压要缓慢升高，不能超过 220V。当塔釜开始沸腾时，打开保温电源，注意观察塔内气液接触状况，适当调整电加热功率，当塔顶出现气体并开始有液体回流时，打开回流电源，保持全回流一段时间。

(3) 部分回流

全回流稳定后，开始加料，将原料通过转子流量计加入塔内，注意控制乙二醇的加料速度为 80mL/h，水-乙醇液与乙二醇的体积比为 1∶(2.5～3)，不断调节转子流量计的转子，使其稳定在所需范围。同时开启预热器升温，注意在预热过程中，务必保持预热器内充满液体，否则极易烧坏。

(4) 采样

调节回流比为 3∶1，并用塔顶收集罐收集馏出液物料，统计开始取料的时间。要随时检查进出物料的平衡情况，以调整加料速度或蒸发量。此外还要调节釜液排出量，大体维持液面稳定。当塔顶温度稳定后取样分析。在操作中用微量注射器取馏出物注入气相色谱仪进行分析。塔顶馏出物乙醇为 97%～98.5%，大大超过共沸组成。

(5) 萃取塔实验结束

关闭电源，待塔釜温度冷却至室温后关停冷凝水，停止操作后，取出塔顶、塔釜中液体进行称重，并作物料衡算。

2. 萃取剂回收塔实验

将萃取精馏塔塔釜物料加入萃取剂回收塔塔釜，对萃取剂回收塔进行全回流操作，按照萃取精馏塔全回流操作进行。然后调节回流比，采集塔顶馏出液，塔釜不出料。当塔釜温度接近乙二醇沸点时，停止精馏操作，实验结束，抽取塔釜样品进行分析。实验结束后关闭加热电源，关闭冷却水。

五、实验数据记录与处理

1. 数据记录

实验数据记录于表 4-4。

表 4-4 萃取精馏过程各时刻实验记录

回流比	时刻 t /min	塔顶温度 /℃	塔顶组成（质量分数）/%	塔釜控温 /℃	塔釜组成（质量分数）/%
全回流	0				
	10				
	20				
3∶1	30				
	40				
	50				
	55				
	60				
	65				
	70				

2. 数据处理

数据处理记录于表 4-5。

表 4-5 萃取剂回收塔精馏数据处理记录

项目		数值
原料（萃取精馏塔塔釜出料组成，质量分数）	水	
	乙二醇	
乙二醇流量/(mL/min)		
溶剂回收塔塔顶水质量分数		
溶剂回收塔塔釜乙二醇质量分数		

六、思考题

1. 萃取精馏的原理是什么？萃取剂的沸点与原物系中组分的沸点有什么关系？如何选

择萃取剂？

2. 萃取精馏时，在其他条件不变的情况下加大回流比，塔顶产品浓度会增大吗？

3. 萃取精馏塔操作稳定的标志是什么？为什么？

4. 实验误差来源有哪些？如何避免？

七、注意事项

1. 实验过程中，要特别注意安全，严禁干烧加热器或保温套，即塔釜必须装有料液才能启动加热，塔内液体沸腾后才能启动保温开关。

2. 整个实验主装置由玻璃制成，加热时应注意升温不要过快，以免玻璃炸裂。

3. 塔釜加热电压与塔体保温电压不能超过限定值。

4. 开车时应先通冷却水，再向塔釜供热，停车时则反之。

实验三　纳滤和反渗透膜分离

一、实验目的

1. 能阐述纳滤和反渗透膜分离技术的基本原理。

2. 能说出膜的结构部件名称，正确操作膜分离实验装置。

3. 能分析膜分离的主要工艺参数（如时间、压力）变化时膜的截留量、透过液通量等的变化趋势，获取膜组件性能的表征方法。

4. 能熟练应用电导率仪测定溶液浓度，获得纳滤膜和反渗透膜的透过率。

二、实验原理

1. 膜分离简介

膜分离是以对组分具有选择性透过功能的膜为分离介质，通过在膜两侧施加（或存在）一种或多种推动力，使混合物中的某组分选择性地优先透过膜，从而达到混合物的分离，并实现产物的提取、浓缩、纯化等目的的一种新型分离过程。其推动力可以为压力差（也称跨膜压差）、浓度差、电位差、温度差等。膜分离过程有多种，不同的过程所采用的膜及施加的推动力不同，通常称进料液流侧为膜上游，透过液流侧为膜下游。

微滤（MF）、超滤（UF）、纳滤（NF）与反渗透（RO）都是以压力差为推动力的膜分离过程，当膜两侧施加一定的压力差时，可使一部分溶剂及小于膜孔径的组分透过膜，而微粒、大分子、盐等被膜截留下来，从而达到分离的目的。

四个过程的主要区别在于被分离物粒子或分子的大小和所采用的膜的结构与性能。微滤膜的孔径范围为 0.1～10μm，所施加的压力差为 0.015～0.2MPa；超滤分离的组分是大分子或直径不大于 0.1μm 的微粒，其压力差范围为 0.1～0.5MPa；反渗透常被用于截留溶液中的盐或其他小分子物质，所施加的压力差与溶液中溶质的分子量及浓度有关，通常的压力差在 2MPa 左右，也有高达 10MPa 的；介于反渗透与超滤之间的为纳滤过程，膜的脱盐率及操作压力通常比反渗透低，一般用于分离溶液中分子量为几百至几千的物质。

2. 纳滤和反渗透机理

对于纳滤，筛分理论被广泛用来分析其分离机理。该理论认为，膜表面具有无数个微孔，这些实际存在的不同孔径的孔眼像筛子一样，截留住分子直径大于孔径的溶质和颗粒，从而达到分离的目的。虽然在有些情况下，孔径大小是物料分离的决定因素，但对另一些情况，膜材料表面的化学特性却起到了决定性的截留作用。如有些膜的孔径既比溶剂分子大，又比溶质分子大，本不应具有截留功能，但它却仍具有明显的分离效果。由此可见，膜的孔径大小和膜表面的化学性质分别起不同的截留作用。纳滤分离作为一项新型的膜分离技术，技术原理近似于机械筛分。但是纳滤膜本体带有电荷，这是它在很低压力下仍具有较高脱盐性能和能截留分子量为数百的物质的重要原因。

反渗透是一种依靠外界压力使溶剂从高浓度侧向低浓度侧渗透的膜分离过程，其基本机理为 Sourirajan 在 Gibbs 吸附方程基础上提出的优先吸附-毛细孔流动机理，而后又按此机理发展为定量的表面力-孔流动模型（详见分离工程教材）。

3. 膜性能的表征

一般而言，膜组件的性能可用截留率（R）、透过液通量（J）和溶质浓缩倍数（N）来表示。

$$R=\frac{c_0-c_p}{c_0}\times 100\% \tag{4-1}$$

式中，R 为截留率，%；c_0 为原料液的浓度，$kmol/m^3$；c_p 为一定压力下透过液的浓度，$kmol/m^3$。

对于不同溶质成分，在膜的正常工作压力和工作温度下，截留率不尽相同，因此这也是工业上选择膜组件的基本参数之一。

$$J=\frac{V_p}{St} \tag{4-2}$$

式中，J 为透过液通量，$L/(m^2\cdot h)$；V_p 为一定压力下透过液的体积，L；S 为膜面积，m^2；t 为分离时间，h。其中 $Q=V_p/t$，即透过液的体积流量，m^3/h，Q 表示膜组件在污水净化、海水淡化等分离过程中以透过液体积流量表征的工作能力。一般膜组件出厂，均有纯水通量这个参数，即用自来水（钙离子、镁离子等为溶质成分）通过膜组件而得出的透过液通量。

$$N=\frac{c_R}{c_p} \tag{4-3}$$

式中，N 为溶质浓缩倍数；c_R 为浓缩液的浓度，$kmol/m^3$。

该值比较了浓缩液和透过液的分离程度，在某些以浓缩液为产品的膜分离过程中（如大分子提纯、生物酶浓缩等），是重要的表征参数。

三、实验装置

实验装置及流程示意图见图 4-4。本实验装置均为科研用膜，透过液通量和最大工作压力均低于工业现场实际使用情况，实验中不可使膜组件在超压状态下工作。不同膜分离过程可采用不同膜组件实现。主要工艺参数如表 4-6 所示。

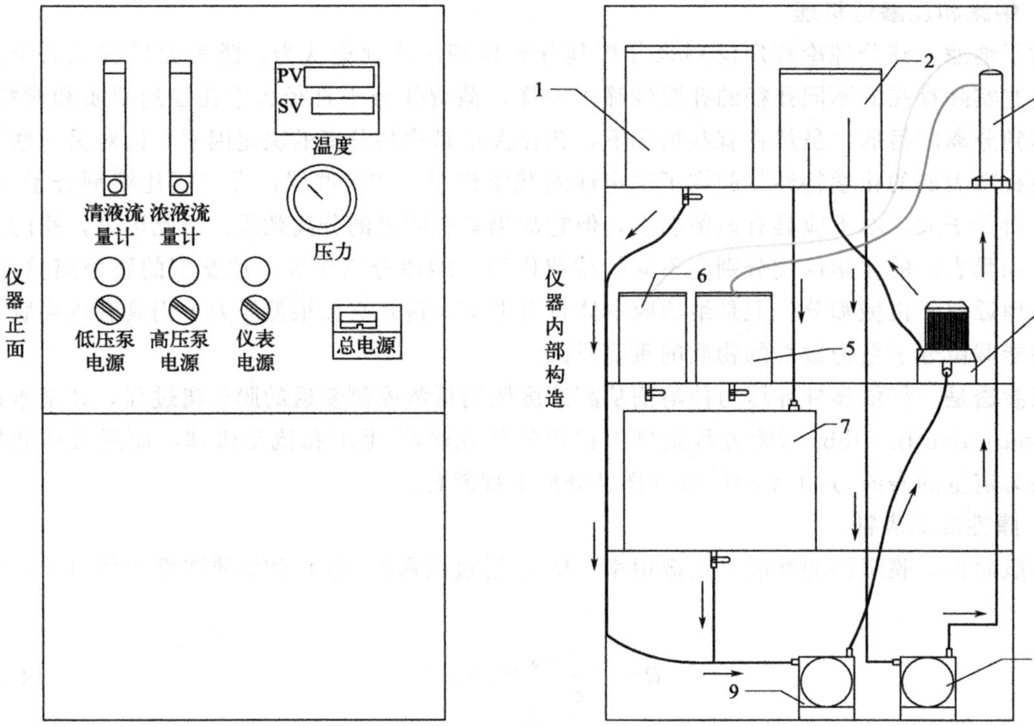

图 4-4 膜分离装置及流程示意图

1—配液槽；2—预过滤料液槽；3—膜分离装置；4—预过滤器；5—清液槽；6—浓液槽；7—料液槽；8—高压泵；9—低压泵

表 4-6 膜分离装置主要工艺参数

膜组件	膜材料	膜面积/m^2	最大工作压力/MPa
纳滤	芳香聚酰胺	0.4	0.7
反渗透	芳香聚酰胺	0.4	0.7

反渗透可分离分子量为100级别的离子，实验取0.5%（质量分数）硫酸钠水溶液为料液，浓度分析采用电导率仪，即分别取各样品测取电导率值，然后比较相对数值（可根据实验前作得的浓度-电导率值标准曲线获取浓度值）。

四、实验步骤

1. 启动

用清水清洗管路，通电检测高、低压泵，温度、压力仪表是否正常工作。

2. 配料

在配料槽中配制实验所需料液，打开低压泵，料液经预过滤器进入预过滤料液槽。

3. 压力调节

在低压预过滤5～10min后，开启高压泵，设置不同的压力，分别将清液、浓液转子流量计调到一定的开度，实验过程中可分别取样。

4. 实验结束

实验结束，要先用清水清洗管路，然后在配料槽中配制0.5%～1%质量分数的甲醛溶液作为保护液，用水泵将保护液打入各膜组件中，使膜组件浸泡在保护液中。

五、实验数据记录与处理

1. 原始数据

实验数据记录于表 4-7、表 4-8。

表 4-7 渗透液中浓液和清液的流量关系表

序号	浓液/(mL/10s)	清液/(mL/10s)
1		
2		
3		
4		
5		
6		
7		
8		
9		
10		

表 4-8 不同膜后压力下取出的浓液与清液体积关系

膜后压力/MPa	温度/℃	浓液/(mL/10s)	清液/(mL/10s)
0.10			
0.08			
0.06			
0.04			
0.02			

2. 数据处理

分别作出膜的透过液通量随时间和压力变化的数据曲线图，求出纳滤膜和反渗透膜的透过率。

六、思考题

1. 膜组件中加入保护液有何意义？
2. 查阅文献，回答什么是浓度极差，有什么危害，有哪些消除方法。
3. 为什么随着分离过程的进行，膜的通量越来越低？
4. 实验中如果操作压力过高或流量过大会有什么结果？

七、注意事项

1. 若采用大流量物料（与实验量有关），可在料液槽中配好相应浓度的料液。
2. 每个单元开始分离过程前，均应用清水彻底清洗该段管路。清洗管路时可按实验单元回路，对于纳滤组件可拆开膜外壳，直接清洗滤芯，对于另一个膜组件则不打开，否则膜组件和管路重新连接后可能导致漏水。

3. 对于长期使用的膜组件，若其吸附杂质较多，或者浓差极化明显，膜分离性能会显著下降。对于预过滤和微滤组件，采取更换内芯的手段；对于超滤、纳滤和反渗透组件，一般先采取反清洗手段。若反清洗后膜组件仍无法恢复分离性能（如截留率显著下降），则需要更换新内芯。

第五章

专业特色实验

实验一　热塑性塑料双螺杆挤出机造粒

一、实验目的

1. 能描述双螺杆挤出机的结构特点。
2. 能阐述高分子材料的特点及其双螺杆熔融挤出改性原理。
3. 能应用双螺杆挤出造粒工艺进行造粒实验。

二、实验原理

1. 双螺杆挤出造粒工艺

一种或多种物料经过计量或预先混合后连续加入转动的挤出机螺杆中，在挤出机的机筒加热和强剪切力作用下，首先将物料熔融，然后进行分散、分布和混合，使各组分均匀分散混合，通过双螺杆挤出机机头真空系统的干燥作用将降解的小分子物质和水分等从物料中脱除，最后由挤出机螺杆挤压将物料从模头挤出、拉条、水冷（或风冷）切粒。流程图见图 5-1。

2. 双螺杆挤出机工作原理与工艺设计要求

（1）工作原理

双螺杆挤出机按照两根螺杆的转动方向，分为同向旋转、异向旋转；按照两根螺杆轴线的相互关系，分为平行双螺杆挤出机（两根螺杆轴线相互平行）、锥形双螺杆挤出机（两根螺杆中心线呈一交角，螺纹分布在锥面上）。多种结构的元件可任意组合和更换，不同啮合类型、不同转向形式、不同组合元件的双螺杆，工作机理是不同的。啮合型同向旋转式双螺杆挤出机可用于共混、连续化学反应，以及排气、挤出。

双螺杆挤出机螺杆主要可分为输送段（又称加料段）、压缩段（包括熔融段、混合段、

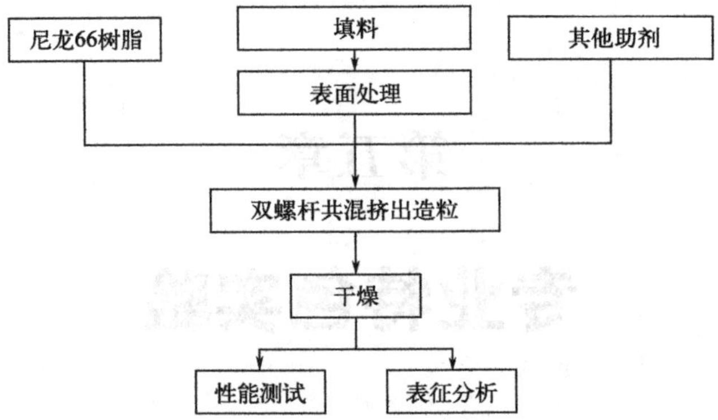

图 5-1　树脂改性生产工艺流程示意图（以尼龙 66 为例）

排气段）和均化段。螺纹元件是以“搭积木”的方法组合在一起的，具有输送、熔融、剪切、原料混合、停留时间控制等作用，可以根据不同的生产需要进行组合，所以双螺杆挤出机螺杆的螺纹块组合是双螺杆挤出机挤出工艺的核心。

第一段为输送段（加料段），主要是输送物料，靠近加料口（从加料口的最后一段螺纹开始）。高分子固体要先预热、受压挤实，避免溢料。温度一般低于高分子物料熔点 15～20℃（如尼龙 6 常见温度设置为 180～205℃）。结晶性高分子输送段螺杆长度占螺杆全长的 30%～65%，非结晶性高分子占螺杆全长的 10%～25%。螺槽深度为 $0.12D\sim0.14D$（D 表示螺纹的公称直径）。为提高输送能力，要求物料与螺杆表面摩擦系数要小。在加料口处应选用大导程螺纹（正向螺纹元件，长程输送，向挤出方向输送物料），以确保下料顺畅。

第二段为压缩段，包括熔融段、混合段、排气段，其主要功能是通过逐渐变浅的螺槽结构对物料进行压实和熔融，同时建立稳定的熔体压力。在此过程中，机筒的热传导与螺杆旋转产生的摩擦剪切共同作用，使物料充分熔融并实现均匀混合。当温度升至流动温度（或熔点）与分解温度之间时，高分子材料转变为熔体状态，此时大分子链因热运动克服分子间作用力而获得流动性，系统压力随之逐步升高。实际操作中，温度通常控制在高于流动温度 3～5℃的范围内，特殊情况下可适当提高，但必须确保低于分解温度至少 20℃以避免材料降解。压缩段的长度设计取决于高分子的热性能：对于软化温度范围较宽的 PVC 等材料，压缩段可延伸至整个螺杆长度；对于 PE 等中等软化范围的材料，压缩段约占螺杆长度的 45%～50%；而 PA 等软化范围很窄的材料，其压缩段甚至可能仅为一个螺距的长度。

熔融段处高分子树脂为熔融态。应选用小导程螺纹（正向螺纹元件，短程输送，增压），进而对原材料进行压缩并熔融，可选用错列角为 90°的捏合块以平衡压力，也可选用错列角为 30°的捏合块对原材料进行初阶段的分布混合。应从熔融段中间开始设置捏合块，需注意捏合块应间隔排列。

混合段（塑化段）作用是使物料各成分进一步熔融混合，主要以剪切、细化、分散为目的。该段螺纹元件设置非常复杂，需要设计人员具有丰富的实践经验。在该段主要选用错列角为 45°和 60°的捏合块以增强剪切，辅助以特殊元件，如齿形元件或 S 形元件等。

排气段作用是排出水蒸气、低分子量化学物质等。在出气口或真空口前应设置反向螺纹元件（或反向捏合块，反向螺纹元件是阻力元件，作用是向相反方向输送物料，因此必须在反向螺纹元件前方设置正螺纹输送元件，在反向螺纹元件入口前建立高压环境克服阻力，保证物料向口模方向输送，最终物料通过反螺纹的缝隙向前输送，导致螺杆出口处于低压区，此作用类似建坝溢流；捏合块元件具有优异的熔融、混合功能，一般成组使用)，在出气口或真空口处设置大导程螺纹元件（低压区，较长，有利于排气和添加原料），在出气口或真空口后再设置小导程螺纹元件（正向螺纹元件，短程输送，增压)。

第三段为均化段（计量段)，紧靠着挤出机出口。高分子熔体增压输送，确保流出挤出机的物质组成成分和温度均匀一致（物料应有足够的停留时间)。温度不能低于上一段温度（塑化温度)，一般温度控制在高分子熔点以上 10～20℃，通常略高于上一段温度 5℃左右为宜，最高温度为 285～290℃。增加均化段长度，均化时间延长，有利于物料均匀混合，可以减少温度、压力、产量的波动，但过长会使加料段和压缩段在螺杆全长占比过小，不利于物料的熔融。非结晶性高分子均化段螺杆长度占螺杆全长的 22%～25%，结晶性高分子占螺杆全长的 25%～35%。螺槽深度为 $0.02D$～$0.06D$，太浅物料受到剪切力过大，熔料因温度过高而分解。选择螺纹导程逐渐变小来完成增压、降低背压段长度；单头螺纹与宽螺棱螺纹用来增强下料能力，防止冒料。

整体来说，螺杆捏合及剪切元件不可以设置太多，也不可以排列太密，以防剪切作用过强。此外，为增强该段原材料的输送能力，还应间隔配置螺纹输送元件，即捏合块与螺纹输送元件互相错开设置。

双螺杆挤出机输送物料的原理，与其啮合与否、纵横向开放与否和开放程度，以及螺杆的旋转方向有关。其中，非啮合型双螺杆挤出机不能形成封闭或半封闭的型腔，无正位移输送条件；啮合型双螺杆能形成封闭或半封闭的型腔，如图 5-2 所示，有正位移输送条件，依靠两根螺杆的间隙挤压强制进料，其正位移输送程度与封闭程度有关。由于同向旋转双螺杆在啮合位置的速度方向相反，一根螺杆要把物料拉入啮合间隙，而另一根螺杆要把物料从间隙中推出，结果使物料从一根螺杆转到另一根螺杆，呈∞形前进，如图 5-3 所示。这种速度的改变以及啮合区较大的相对速度，非常有利于物料混合和均化。由于啮合区间隙很小，啮合区螺纹和螺槽处的速度相反，剪切速度高，有很好的自洁作用，即能刮去黏附在螺杆上的积料，从而使物料的停留时间变短。这种挤出机主要用于混炼物料和造粒。但由于物料在啮合区间所受剪切力很大，所以不适用于 PVC 型材的生产。

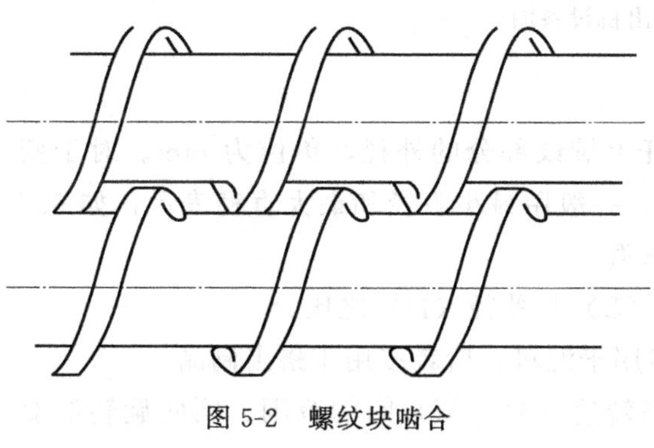

图 5-2　螺纹块啮合

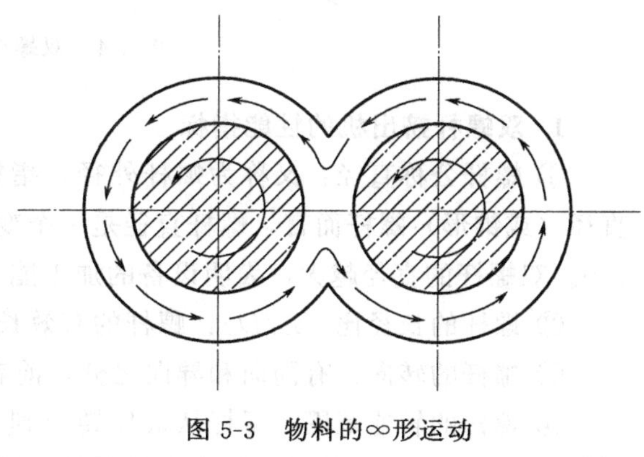

图 5-3　物料的∞形运动

（2）工艺设计要求

加料装置：在进料口上方有加料器（加料装置)。

加料速度：通过控制加料器的加料螺杆转速来控制物料进入挤出机的量，即加料速度应与挤出机螺杆的转速相匹配；加料速度过慢，使机头压力过低，不利于熔体的合模压实，产量也会相应降低；加料速度过快会造成电机负荷过大，对螺杆、电机都是不利的。加料器的螺杆转速应控制在使挤出机负荷在满负荷的40%～60%。

加料区温度：一般情况下，为避免加料通道堵塞，需要保持相对低的温度；物料的进料能力与原料形状、密度、表面物理性质有关，粉状物料、密度小的物料、不光滑的物料、流动阻力大的物料都会使进料速度变慢，有时还容易产生“架桥”现象阻止进料。

抽真空：一般进料前先抽真空，注意含有粉体的原料塑化不完全时容易被抽出来。

两螺杆之间的间隙：间隙越小，剪切速率越大，分散混合效果越好，但两螺杆的分离力变大；间隙越大，剪切速率越小，但通过量变大，分布混合效果变好。

三、实验装置

双螺杆挤出机装置如图5-4所示。高分子的熔体（或黏性流体）在挤出机的挤压作用下通过一定形状的模口，既可以直接成型制成成品，也可以与水槽、切粒机等辅助设备联用，拉条造粒。挤出成型是聚合物加工领域中生产品种最多、变化最多、生产率高、适应性强、用途广泛、产量所占比重最大的成型加工方法，主要用于高黏度物料（如聚四氟乙烯、超高分子量聚乙烯）的成型。

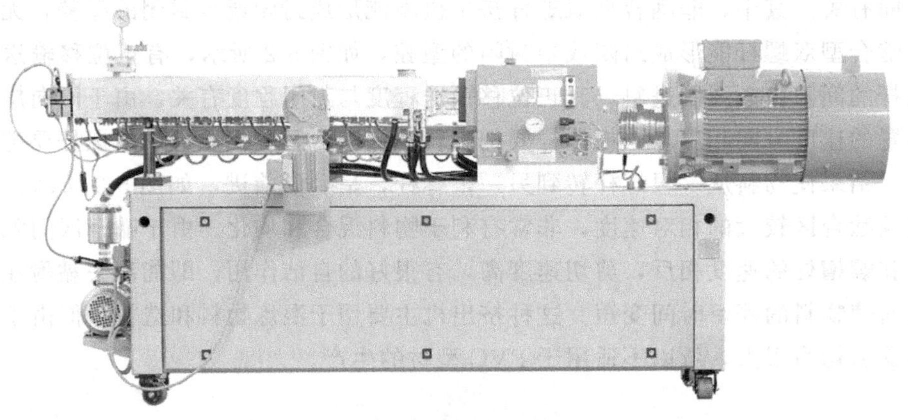

图5-4　双螺杆挤出机设备图

1. 双螺杆挤出机的性能指标

① 螺杆公称直径：又称为螺杆外径，指螺杆上螺纹部分的外径，单位为mm。对于变直径（或锥形）螺杆而言，螺杆直径是一个变值，一般用最小直径和最大直径表示，如65/130。双螺杆的直径越大，表明设备的加工能力越强。

② 螺杆的长径比（L/D）：螺杆的有效长度（L）与外径（D）之比。

③ 螺杆的转向：有同向和异向之分，前者多用于混料，后者多用于挤出制品。

④ 螺杆的转速范围：螺杆从最低转速到最高转速（允许值）间的范围。同向旋转的双螺杆挤出机可以高速旋转，异向旋转的挤出机一般转速在0～40r/min。

⑤ 驱动功率：驱动功率是指驱动螺杆的电动机功率，单位为kW。

⑥ 产量：产量指每小时物料的挤出量，单位为kg/h。

本实验主要采用双螺杆挤出造粒系统进行实验，包含的设备有：双螺杆挤出机、水槽、切粒机、干燥机等。各个设备技术参数如下。

① 双螺杆挤出机：进口芯轴、传动箱、安全联轴器；比扭矩 11.5m/cm^3（标准状态）；减速比 2.5；螺杆外径 27mm，外径与内径之比 1.5；工艺单元机筒长度 44D，单节机筒长度为 4D；德国西门子风冷发动机，功率 22kW，380V 电压；螺杆最高转速 600r/min；螺纹元件及机筒使用全硬化热锻钢材质；机筒加热使用电加热棒设计，独立冷水机冷却；螺杆及机筒使用模块化设计，由 11 区组成。

② 水槽：3m×0.3m。

③ 切粒机：5～100kg/h。

表 5-1 为各设备的生产厂家及型号。

表 5-1 仪器型号

序号	设备名称	生产厂家、型号
1	双螺杆挤出机	莱斯特瑞兹机械(太仓)有限公司，ZSE 27 CC
2	水槽	南京聚力化工机械有限公司，JL-3000
3	切粒机	泰州穆氏橡塑机械有限公司，LQ-100
4	干燥机	张家港布科仁机械有限公司，GZ-50

条件允许时，使用转矩流变仪（哈尔滨哈普电气技术有限责任公司，RM-200C）进行工艺探索。

2. 实验原料

实验原料为尼龙 66（或尼龙 6）和玻璃纤维（或其他填料）。

四、实验步骤

1. 实验准备

给水槽蓄水至合适量，注意水温不能偏高。打开挤出机机筒和齿轮箱的内循环水。准备好接料用具（包括废料接收桶）。

2. 原料准备及加料

根据要求设置原料配比和进料总量，称量一定量的原料并加入加料器。

3. 给料

待加热温度达到设定值后，先在低转速下启动主机螺杆，然后启动 1＃失重秤给料，慢慢增加给料速度，观察主机螺杆转矩。使用 2＃失重秤进行复合挤出时，待加入的树脂熔融挤出后，在低转速下启动 2＃失重秤给料，慢慢增加给料速度，并注意观察转矩。

4. 切粒

物料经挤压成条状物，然后经过牵引、水槽冷却定形、切粒机切粒。调节切粒机的转速以控制牵引速度，使其与挤出机转速相匹配。

5. 实验结束

实验结束后，根据情况使用合适的树脂冲车。若不需要冲车，直接关机，关机顺序与开车顺序相反，即先调整切粒机转速为零，并关闭其电源；再操控移动控制面板，将螺杆各区段阶梯式降温至 100℃以下；最后关闭移动控制面板、电源控制柜电源。

6. 后处理

清理真空泵内和切粒机内的残留物，收集好样品和废料，做好编号，打扫好房间卫生，关好门、窗、水、电，做好仪器使用记录。

五、实验数据记录与处理

加料转速________r/min；　物料量________kg；

主机螺杆转速________r/min；　主机螺杆各区温度________℃；

切粒机转速________r/min。

实验数据记录于表 5-2。

表 5-2　实验数据记录表

分区	1 区	2 区	3 区	4 区	5 区	6 区	7 区	8 区	9 区	10 区	机头
设定温度/℃											
实际温度/℃											

料条稳定性分三种情况：①稳定；

②易断条，调整切粒机切刀转速/降低温度解决

(调整前________________，调整后________________)；

③易断条，调整切粒机切刀转速/降低温度也难以解决

(调整范围________________________________)。

六、思考题

1. 挤出机进料口一般都有热气，对于低熔点物料，受上升热气的影响，失重秤下料会在四个角落堆积，严重时会产生架桥现象。如何避免？

2. 从应用场景、物料、产量方面，探讨如何选择螺杆。

七、注意事项

1. 双螺杆各区温度的设定要规范，杜绝在不了解、不熟悉材料基本属性的情况下进行实验。

2. 开机前确认一下上次停机冲车操作所用树脂情况，上一次停机机筒中残留的树脂熔点不能高于本次的实验温度，否则必须设定上次实验温度，使用低熔点树脂（如聚乙烯，具体依据实验情况而定）或本次实验树脂重新冲车后才能进行本次实验。

3. 设计好下一次开机实验来确定本次停机前是否需要低熔点树脂冲车，停机时先后顺序为：先停进料，待主机机头不出料条、冲车料出来时，将双螺杆转速逐步降至零。

实验二　热塑性塑料维卡软化温度的测定

一、实验目的

1. 能描述维卡软化点 & 负荷变形温度测定仪的基本构造特点。

2. 能阐述维卡软化温度（VST）测定的基本原理。

3. 能选择仪器实验参数并能进行简单操作和数据分析。

二、实验原理

维卡软化温度（Vicat softening temperature，VST）是将热塑性塑料放于液体传热介质中，在一定的负荷和一定的升温条件下，试样被 $1mm^2$ 的压针头压入 1mm 时的温度，对应的国标是 GB/T 1633—2000。维卡软化温度是评价材料耐热性能，反映制品在受热条件下物理力学性能的指标之一。材料的维卡软化温度虽不能直接用于评价材料的实际使用温度，但可以用来指导材料的质量控制。维卡软化温度越高，表明材料受热时的尺寸稳定性越好，热变形越小，即耐热变形能力越好，刚性越大，模量越高。

一般情况下，热塑性塑料在常温下是玻璃态，但随着温度的升高，逐渐向高弹态转变，逐渐失去它原有的刚性，变得柔软。因此，在较小的外力作用下，就会产生较大的变形。热塑性塑料软化点温度的测定即基于此。

三、实验装置

维卡软化点 & 负荷变形温度测定仪，上海思尔达科学仪器有限公司，如图 5-5 所示。

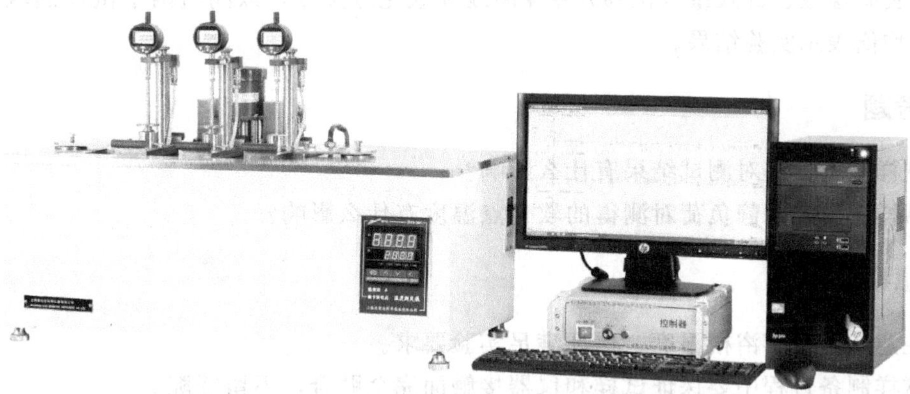

图 5-5　维卡软化点 & 负荷变形温度测定仪

四、实验步骤

1. 制备

管材或管件的壁厚 3～6mm 时，可直接进行实验；管材或管件的壁厚＞6mm 时，则采用适当的方法加工管材或管件的外表面，使壁厚减至 3～4mm；如管件承口带有螺纹，则应磨掉，使其表面光滑；过薄的管材或管件可将 2～3 块管段叠加在一起进行实验。

2. 预处理

将试样在低于预期维卡软化温度 50℃的温度下预处理至少 5min。对于丙烯腈-丁二烯-苯乙烯（ABS）和丙烯腈-苯乙烯-丙烯酸（ASA）试样，应在烘箱中（90±2)℃下干燥 2h，取出后在（23±2)℃的温度和（50±5)％的相对湿度下，冷却（15±1)min，然后再按上述方法预处理。

3. 升温速率选择

根据标准，选择升温速率为（5±0.5）℃/6min。（12±1.0）℃/6min是静负荷的选择，施加的静负荷是砝码、负载杆（包括托盘、压针）、百（千）分表（或其他位移测量仪器）的弹力的总和，对应总静负荷为（50±1）N。

4. 操作

① 将浴槽温度调至约低于试样软化温度50℃，搅拌器运转并保持恒温。

② 将试样凹面向上，水平放置在未加砝码的负载杆的压针下，试样和仪器底座的接触面应是平的。对于两层（三层）叠加的试样，压针端部应置于未压平试样的凹面上，下面放置压平的试样。压针端部距试样边缘不小于3mm。

③ 将测试单元放入浴槽，插入温度传感器和温度计（校对用，可以不插入）。

④ 5min后，再加上所要求质量的负荷，位移传感器调零。

⑤ 在电脑界面"测试仪"菜单选项中，点击"参数设定"，后面的单元1打勾，出现"测试类型"，点击"维卡软化点"，进行参数设置（样品编号、砝码质量、针入量）并选择升温速率，参数设置完成后点击"启动测试"。

五、实验数据记录与处理

记录实验参数、针入量（位移）-温度曲线和软化点温度，以同组两个试样的软化点温度的算术平均值表示实验结果。

六、思考题

1. 试样制备方法对测试结果有什么影响？
2. 试样上施加的静负荷对测得的软化点温度有什么影响？

七、注意事项

1. 注意实时观察浴槽温度，保证满足实验要求。
2. 试样制备过程中要保证试样和仪器接触面完全贴合，不留缝隙。

实验三　固体润滑材料摩擦性能的测定

一、实验目的

1. 能描述材料润滑性能的评定方法与影响因素。
2. 能分析材料的摩擦磨损机理。
3. 能解释摩擦性能基础研究对应用研究的重要意义。

二、实验原理

摩擦是自然界中普遍存在的现象，世界上使用的能源有1/3～1/2消耗于摩擦。磨损是摩擦副相对运动时，表面物质不断损失或产生残余变形的现象，是摩擦的结果。摩擦、磨损是两个不同的概念，二者在大多数情况下没有直接的关系，在少数特殊条件下才会有密切的关系。

摩擦学是研究表面摩擦行为的学科，是研究相对运动的相互作用表面间的摩擦、磨损和润滑，以及三者间相互关系（包括设计和计算、润滑材料和润滑方法、摩擦材料和表面状态以及摩擦故障诊断、监测和预报等）的一门边缘学科。

磨损有黏着、疲劳、磨粒、腐蚀、冲蚀、微动、复合磨损等类型。摩擦的接触形式分为点、线、面接触三种，摩擦的运动方式分为滑动、滚动、滚滑、往复、旋转等。要研究摩擦学的理论，需要确定各种因素如摩擦件的材质、接触几何条件、表面性质、摩擦运动形式、工况条件（温度、载荷、速度、环境气氛）及润滑方式等对摩擦性能的影响，研究新的耐磨、减摩及摩阻材料，评定各种耐磨表面的摩擦性能，掌握摩擦、磨损实验技术。

1. 实验分析方法

① 对比实验法

在相同条件下进行实验，将几种试样或者实验试样与已知标准试样进行对比实验，以比较其摩擦性能，从而选择或确定具有较好摩擦性能的材料和结构。

② 标准实验法

用统一的标准化实验方法，测量和研究出各种材料的摩擦性能指标，以便对各种材料在不同工况条件下的摩擦性能进行比较和选择。

③ 使用范围实验法

在广泛实验条件下进行实验，以便求得它的最大使用范围或最高使用条件。

④ 使用性能实验法

按照实际使用情况进行实验。

2. 测量参数

（1）摩擦参数

摩擦系数是表示摩擦材料特性的主要参数之一。摩擦系数分为静摩擦系数 f_s 和动摩擦系数 f_k（一般不注明 k）。在给出某种材料的摩擦系数时，必须注明该数值的实验条件和所用的测试设备，因为不同的实验条件和不同测试设备所测定的摩擦系数大小是不一样的。

（2）磨损量参数

磨损量是评定摩擦材料的耐磨性、控制产品质量和研究摩擦磨损机理的一个重要指标。磨损量的测量方法有两类，即间接测定法和直接测定法。间接测定法只能确定各个摩擦表面磨损量的总值，而不能确定磨损量在摩擦表面的分布情况和由于磨损造成的零件尺寸的变化。直接测定法是专门测定某一工作表面磨损量的方法，它能测出摩擦表面尺寸的变化和磨损量在摩擦表面的分布情况。各类方法都有自己的特点，不能互相代替而只能互相补充。

3. 摩擦表面形态分析技术

① 形貌分析：表面轮廓仪和电子显微镜。

② 表面结构分析：X 射线衍射法、电子衍射法。

③ 表面化学成分分析：能谱分析、X 射线显微分析。

三、实验装置

1. 实验机类型

摩擦磨损实验机用于金属、陶瓷、高分子、复合材料和薄膜涂层等润滑材料在多种环境工况下的摩擦学、表面力学研究及其评价（包括摩擦系数、磨损量测试），种类主要有以下几种。

① 滑动摩擦磨损实验机，其示意图如图 5-6 所示。

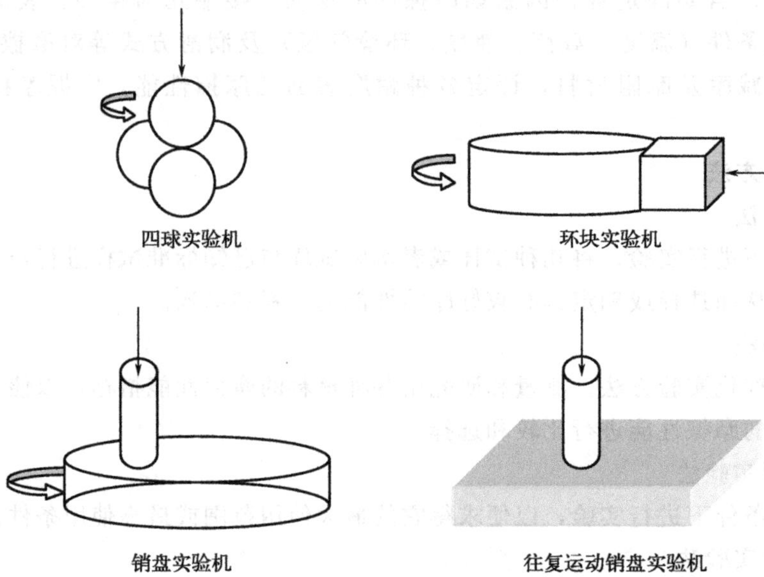

图 5-6　滑动摩擦磨损实验机

② 磨粒磨损实验机，其示意图如图 5-7 所示。

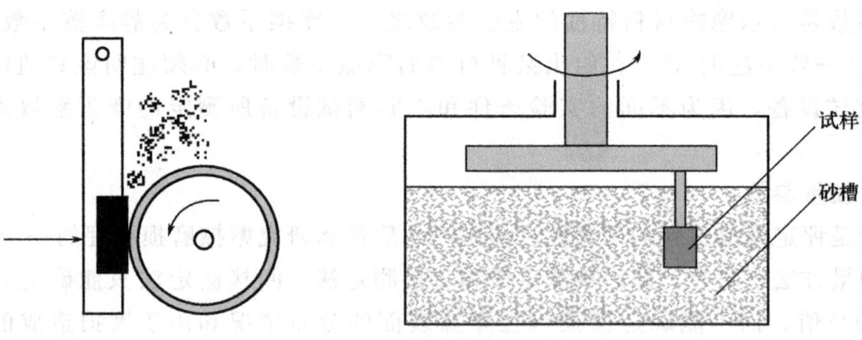

图 5-7　磨粒磨损实验机

③ 滚动磨损实验机，其示意图如图 5-8 所示。

④ 冲蚀磨损实验机，其示意图如图 5-9 所示。

2. 本实验仪器与样品

摩擦磨损实验机：属于滑动摩擦磨损实验机，型号 MFT-5000，美国 RTEC 仪器公司，如图 5-10 所示。

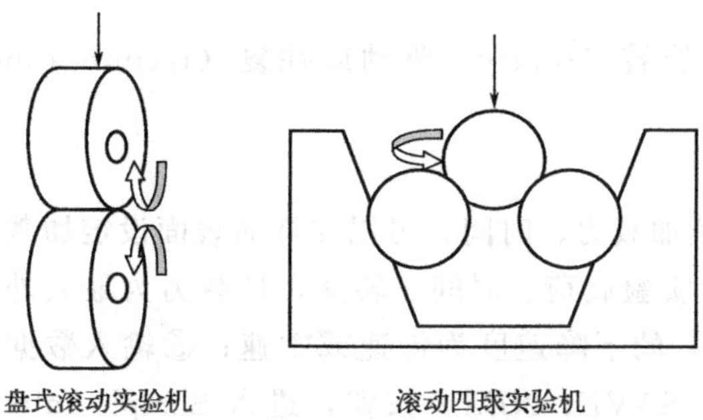

图 5-8　滚动磨损实验机

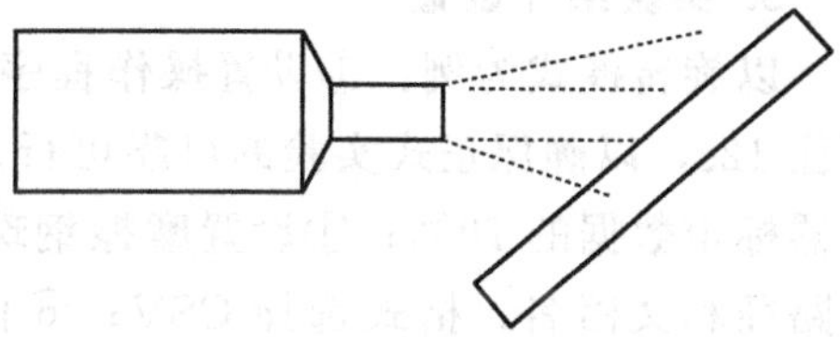

图 5-9　冲蚀磨损实验机

图 5-10　MFT-5000 多功能摩擦磨损实验机

测试样品：聚酰胺 66/石墨复合材料，直径 25mm，厚度 2mm；对摩件为钢珠，302 不锈钢，直径 4mm。

四、实验步骤

1. 设备、软件开启与通信连接（图 5-11）

RTEC 摩擦测试机常用配套软件有 3 个，测试过程中如果软件出问题要重新打开时，要先把控制软件关闭，再打开测试软件。

图 5-11　设备、软件开启与通信连接

2. 硬件设置

硬件、样品正确安装后，设置驱动模式为旋转（rotary）驱动或往复（reciprocating）驱动，设定传感器量程。

3. 实验条件设置

以旋转模式为例：①设置操作程序名；②预加载力、时间，可以在样品表面设定加载力压住 12s，以确保正式实验的可靠可行；③设置实验载荷、时间、转速，加载力为最大外传感器标定数据的 70%；④设置摩擦钢珠（或销）的下降速度为慢速或中速；⑤输入数据保存路径和文档名，格式选择 CSV；⑥依次点击 SAVE、NEXT 按钮，进入 Sample Info 界面，然后点击 NEXT 按钮跳过此界面设置，进入运行界面；⑦点击右下角 Home 按钮（房子图标），自动进行上下夹具中心对准（过程为 Z 上抬到最高，然后 X 和 Y 再根据编码器移动至 Home 位置，Home 结束后 X、Y、Z 坐标均为 0），位置归零；⑧设置旋转半径；⑨观察传感器初始示数是否在量程内，用手适当压两个传感器观看界面上的传感器数据是否反馈正常；⑩数值清零；⑪进行上下夹具中心对准，回到起始位置。

五、实验数据记录与处理

记录实验数据，包含试样片的材质、硬度、表面粗糙度、外形尺寸，润滑方式及润滑剂的名称，试验负荷、转速或频率、试验时间。

对数据进行处理，获得摩擦力、载荷、摩擦系数、摩擦温升、摩擦振动及噪声等摩擦参数，线性磨损量-长度变化、面积磨损量-面积变化、体积磨损量-体积变化、质量磨损量-质量变化、磨损速度、使用寿命等磨损量参数。

六、思考题

1. 影响实验结果的因素有哪些？
2. 能否使用普通的高分子材料作为减摩耐磨复合材料的基材？

七、注意事项

仔细观察开始后加载和软件示数是否正常，确保实验正常运行。传感器属于贵重物件，如遇到异常，迅速按下前门下方的红色急停按钮，关闭软件。

第六章

创新综合实验

实验一　超临界流体萃取

一、实验目的

1. 能阐述超临界萃取分离技术的基本原理。
2. 能应用超临界萃取实验设备萃取天然产物。
3. 能够分析影响超临界萃取实验的因素有哪些，获取最佳实验条件。

二、实验原理

1. 超临界流体

超临界流体萃取是一种以超临界流体为萃取剂，从固体或液体中提取出待分离的高沸点或热敏性物质的新型萃取技术。超临界流体的选定是超临界流体萃取的关键。超临界流体即其状态高于临界温度、临界压力条件下的流体，具有低黏度、高密度、较大的扩散系数、超强的溶解能力等特性。作为萃取溶剂的超临界流体必须满足以下条件：

① 具有化学稳定性，对设备无腐蚀作用；

② 临界温度不能太高或太低，最好在室温附近；

③ 操作温度应低于被萃取溶质的变形温度；

④ 为降低能耗，临界压力不能太高；

⑤ 选择性好，容易得到高纯度产品；

⑥ 溶解度高，可减少溶剂的循环量；

⑦ 易获取，价格便宜。

2. 超临界 CO_2 流体

CO_2 的临界温度为 31.1℃，临界压力为 7.38MPa，临界密度为 0.467g/cm^3。由此可见，CO_2 的临界温度在室温范围，临界压力也不是很高，但临界密度较大，对于大多数溶质有较强的溶解能力。而且压力降低或温度升高，其密度会显著降低，使溶质从超临界流体中重新析出，利于溶质分离和溶剂回收，因此 CO_2 是最常用的理想超临界流体。

3. 超临界萃取典型过程

超临界流体的萃取流程由萃取阶段和分离阶段组成。在萃取阶段，超临界流体将所需组分从原料中提取出来；在分离阶段，通过改变某个参数或其他方法，使萃取组分从临界流体中分离出来，使萃取剂循环使用。根据分离方法的不同，可以把超临界流体萃取流程分为三类：等温法、等压法和吸附法。其中等温法和等压法主要用于萃取相中的溶质需要进一步精制为目的产品的场合；吸附法用于被萃取物是需要除去的有害成分、萃余物是目的产品的场合。

这里重点介绍等温法和等压法的流程。

① 等温法。该流程是超临界流体萃取常用的一种流程，通过改变压力使萃取组分从流体中分离出来。萃取了溶质的超临界流体经过膨胀阀后压力下降，其溶质的溶解度下降。析出的溶质由分离槽底部取出，萃取剂 CO_2 气体则经过压缩机送回萃取槽循环使用。

② 等压法。等压法是利用温度的变化来实现溶质与萃取剂的分离。加热升温后，超临界流体的溶解能力降低，萃取出的溶质从容器下部取出，气体经冷却压缩后循环使用。

本实验是利用超临界 CO_2 萃取天然产物如葡萄籽、牡丹籽、大豆、花椒、黄柏等的有效成分。

三、实验装置

实验装置图见图 6-1，示意图见图 6-2，超临界萃取流程图见图 6-3。

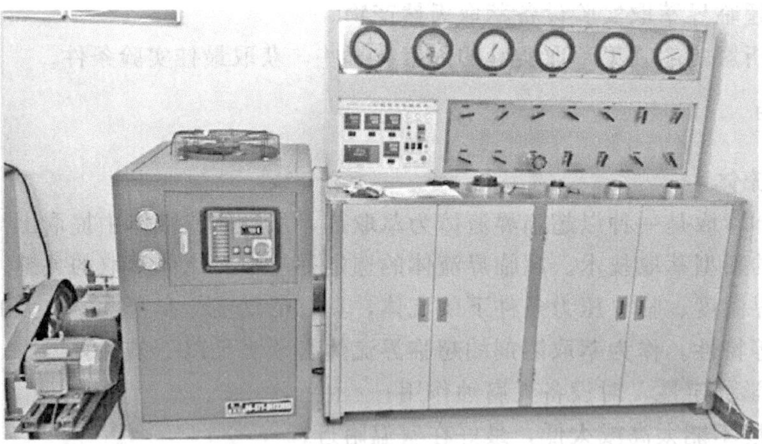

图 6-1　实验装置图

下面以超临界萃取牡丹籽油为例来说明实验流程与实验步骤。

实验流程：采摘牡丹籽→清洗→干燥→粉碎→过筛→装料→超临界 CO_2 萃取→减压分离→得到产品牡丹籽油。

萃取过程：钢瓶中的 CO_2，首先进入冷凝器冷凝液化，之后经过高压泵的压缩，使压力超过临界压力，再经过换热器的加热，温度超过临界温度，此刻萃取釜中的 CO_2 就处于

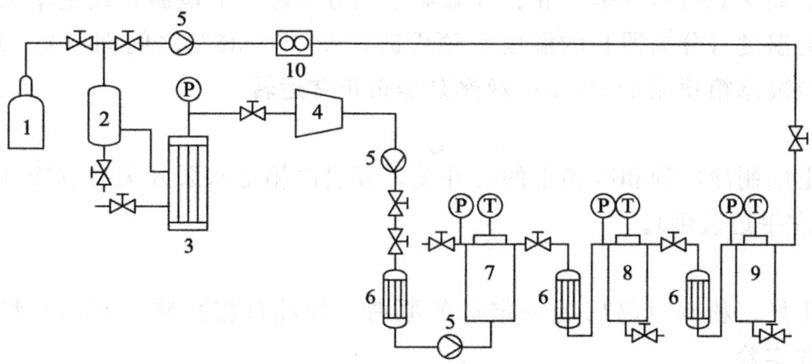

图 6-2　实验装置示意图

1—CO_2 气瓶；2—气体净化器；3—冷箱；4—高压柱塞泵；5—单向阀；6—换热器；7—萃取料筒；8—分离器Ⅰ；9—分离器Ⅱ；10—流量计

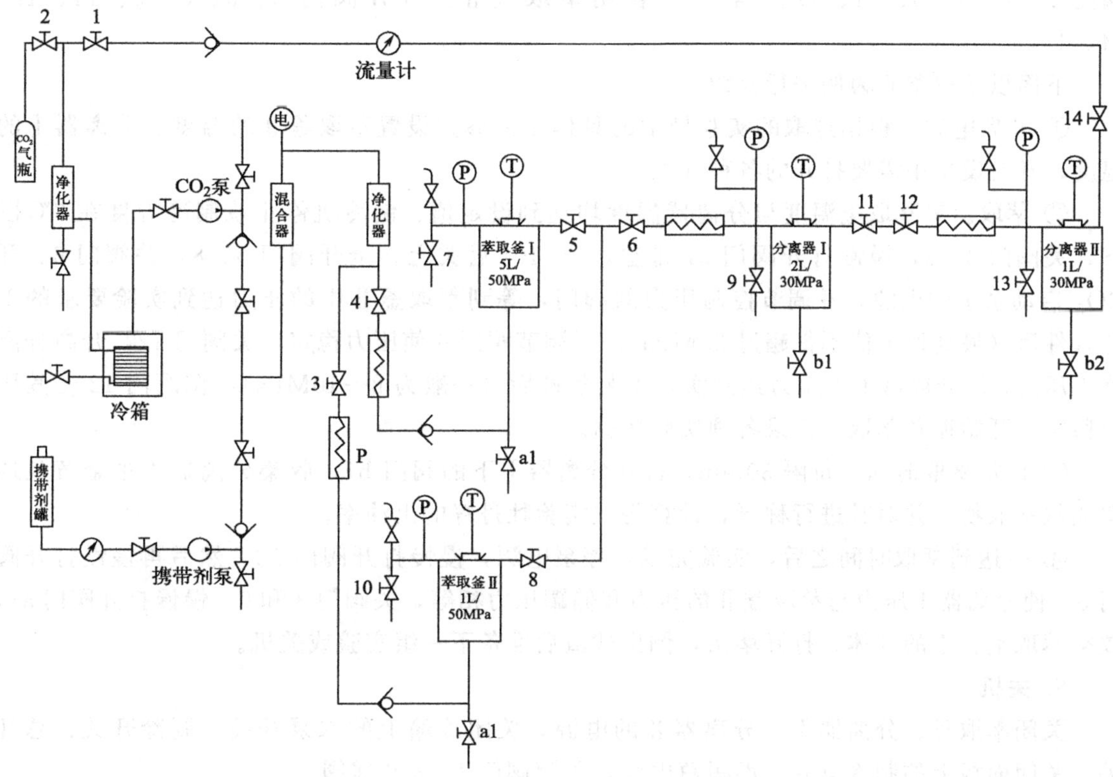

图 6-3　超临界萃取流程图

超临界状态，并且具有很好的溶解性，然后开始对牡丹籽中的油脂进行提取。含油脂物料经减压阀减压和换热器降温进入分离器Ⅰ中，CO_2 对油脂的溶解度降低，此时油脂和 CO_2 分离，经过一次分离后的 CO_2 以及剩余油脂进入分离器Ⅱ中，进行二次分离。

四、实验步骤

1. 准备工作

检查冷箱 3、电源、储罐中的冷却水是否足够。开启墙上总电源、面板总电源，开启萃取料筒（釜）Ⅰ或萃取料筒（釜）Ⅱ、分离器Ⅰ和分离器Ⅱ的电源，设定萃取釜Ⅰ或萃取釜Ⅱ、分离器Ⅰ的温度（分离器Ⅱ的温度无须更改，在35～36℃之间即可）。观察冷箱水位，保证冷箱的水位离冰箱顶端1～2cm；观察泵是否正常运转。

2. 启动

打开面板上的制冷电源和冷箱上的总开关，开启冷箱上水泵开关和制冷开关，打开阀门1、2和球阀（左手边蓝色）。

3. 装料

将清洗、干燥、粉碎过筛后的一定量的原料（如牡丹籽）装入萃取料筒7（萃取釜），准备后续的萃取实验。

4. 萃取

根据情况选取实验号进行实验，按每组实验中的原料装填量称取预处理过的牡丹籽于萃取釜中，然后开启CO_2钢瓶阀门及设备中需要打开的各种阀门。若用萃取釜Ⅰ，打开阀门2、4、5、6、11、12、14、1。若用萃取釜Ⅱ，打开阀门2、3、8、6、11、12、14、1。

下面以萃取釜Ⅱ为例进行介绍。

① 开启电源，根据选取的实验号中的具体工艺参数设置萃取釜Ⅱ的温度、分离器Ⅰ的温度，开启设备中需要打开的各种开关。

② 萃取。等萃取釜温度与分离器温度均达到设定值、制冷机停止或制冷温度在7℃以下，关阀门3、8，慢慢打开阀门a1排空，5～10s后关上。全开阀门3、8，关阀门6。开CO_2启动泵Ⅰ的电源，并调节控制压力的阀门，等到萃取釜Ⅱ中的压力达到实验要求的工艺条件后（最高设定值不得超过35MPa），再调节阀门6使压力稳定，关阀门12，升高分离器Ⅰ压力，待分离器Ⅰ中压力达到实验工艺条件后（一般为8～10MPa），调阀门12使其压力稳定。开始循环萃取，记录各项实验数据。

③ 设定萃取时间，每隔30min，打开分离器Ⅰ下的阀门b1，收集分离器Ⅰ中金黄色透明油状萃取物，并对其进行称量，计算每次实验牡丹籽的出油率。

④ 待达到萃取时间之后，实验完成，停泵电源，慢慢打开阀门12，然后再慢慢打开阀门6，使分离器Ⅰ压力与萃取釜Ⅱ的压力和储罐压力相等，关阀门3和8。慢慢打开阀门a1，放空萃取釜Ⅱ中的气体，打开堵头，倒出残渣后准备下一组实验或关机。

5. 关机

关闭萃取釜、分离器Ⅰ、分离器Ⅱ的电源，关闭冷箱上的水泵开关、制冷开关、总开关，关闭面板上的制冷电源、面板总电源，关闭阀门1、2和球阀。

五、实验数据记录与处理

1. 实验设计与数据记录

本实验要考察的因素有萃取温度、萃取压力、分离温度、分离压力、萃取时间和原料装填量六个因素，分别记作A、B、C、D、E和F，根据不同的因素取不同的水平，可以选择正交实验或均匀实验。下面以均匀设计为例，列出因素与水平表，如表6-1所示。

表 6-1 均匀设计因素与水平表

水平	因素 A 萃取温度/℃	因素 B 萃取压力/MPa	因素 C 分离温度/℃	因素 D 分离压力/MPa	因素 E 萃取时间/min	因素 F 原料装填量/g
1	45	20	35	8.5	30	150
2	50	24	40	9.5	60	200
3	55	28	45	10.5	90	250
4	60	32	50	11.5	120	—
5	65	—	55	—	150	—
6	70	—	60	—	180	—

根据因素与水平表，选用 $U_{24}(6^6)$ 均匀设计表安排实验，由于实验的各因素水平数不相同，故采用混合均匀实验设计。制定混合水平的均匀设计实验表，如表 6-2 所示。

表 6-2 混合水平的均匀设计实验表

实验号	因素 A 萃取温度/℃	因素 B 萃取压力/MPa	因素 C 分离温度/℃	因素 D 分离压力/MPa	因素 E 萃取时间/min	因素 F 原料装填量/g
N_1	50(2)	20(1)	35(1)	10.5(3)	120(4)	200(2)
N_2	45(1)	24(2)	45(3)	8.5(1)	180(6)	200(2)
N_3	50(2)	28(3)	60(6)	11.5(4)	150(5)	200(2)
N_4	60(4)	20(1)	45(3)	9.5(2)	150(5)	250(3)
N_5	50(2)	20(1)	50(4)	8.5(1)	60(2)	150(1)
N_6	55(3)	20(1)	50(4)	11.5(4)	180(6)	150(1)
N_7	70(6)	28(3)	45(3)	11.5(4)	60(2)	250(3)
N_8	60(4)	32(4)	60(6)	8.5(1)	90(3)	150(1)
N_9	65(5)	32(4)	40(2)	11.5(4)	120(4)	150(1)
N_{10}	60(4)	24(2)	55(5)	11.5(4)	30(1)	200(2)
N_{11}	60(4)	32(4)	35(1)	10.5(3)	180(6)	250(3)
N_{12}	65(5)	24(2)	35(1)	9.5(2)	60(2)	150(1)
N_{13}	50(2)	32(4)	50(4)	9.5(2)	30(1)	250(3)
N_{14}	45(1)	24(2)	40(2)	11.5(4)	90(3)	250(3)
N_{15}	45(1)	28(3)	40(2)	9.5(2)	150(5)	150(1)
N_{16}	55(3)	28(3)	35(1)	8.5(1)	90(3)	200(2)
N_{17}	55(3)	28(3)	45(3)	10.5(3)	30(1)	150(1)
N_{18}	70(6)	20(1)	40(2)	8.5(1)	30(1)	200(2)
N_{19}	45(1)	32(4)	55(5)	10.5(3)	60(2)	200(2)
N_{20}	65(5)	28(3)	55(5)	8.5(1)	180(6)	250(3)
N_{21}	70(6)	32(4)	50(4)	9.5(2)	120(4)	200(2)
N_{22}	70(6)	24(2)	55(5)	10.5(3)	150(5)	150(1)
N_{23}	65(5)	20(1)	60(6)	10.5(3)	90(3)	250(3)
N_{24}	55(3)	24(2)	60(6)	9.5(2)	120(4)	250(3)

注：实验号不是实验的顺序，可根据实际情况随机进行每组实验。

2. 实验数据处理

对上述均匀实验数据进行回归分析，获取实验因素的最佳组合结果以及确定显著影响因素，计算牡丹籽油的最佳萃取率。

对实验数据进行拟合，获取萃取过程模型方程，分析萃取机理，验证模型方程。

六、思考题

1. 超临界萃取选择 CO_2 的依据是什么？

2. 超临界萃取过程中萃取釜、分离器的压力、温度等参数如何协调控制？

七、注意事项

1. 萃取釜的温度为 35～60℃，正常 40℃左右；压力不要超过 35MPa，正常在 20～30MPa 之间。分离器Ⅰ温度为 35～65℃，正常在 50～60℃之间；压力最高不要超过 11MPa，正常为 8～10MPa。萃取过程为高压操作，在操作过程中要随时观察设备运行情况，不得随意触动阀门、电路开关等设施，发现异常要及时断电，进行检修维护。

2. 实验开始前要检查实验管路是否漏气，防止 CO_2 泄漏，实验结束后要及时关闭 CO_2 钢瓶阀门。

3. 清洗设备必须用酒精，不能用水。

实验二　环己烷氧化为环己酮反应催化剂的开发

一、实验目的

1. 能阐述环己烷氧化为环己酮的反应历程。

2. 能搭建环己烷氧化为环己酮的实验设备并会应用该设备。

3. 能够分析影响实验的因素有哪些，以获取最佳实验条件。

二、实验原理

目前文献主要支持的环己烷分子氧选择性催化氧化反应机理是催化氧化自由基链式反应，其反应历程如图 6-4 所示。主要包括以下三个步骤。

① 链引发。环己烷在催化剂表面与氧物种作用，形成环己烷基自由基，然后该自由基继续与氧物种作用形成环己烷基过氧化氢中间体，此过程中关键是环己烷 C—H 键的活化与分子氧的活化，即通过产生活化氧分子夺取环己烷中的氢原子来形成环己烷基过氧化氢。

② 链增长。通过催化剂中金属化合价态的变化来完成一个哈伯-维斯的循环，使得链式反应得以持续进行。

③ 链终止。此步骤目前仍存在争议。大多数研究认为两个环己烷基过氧化氢自由基生成环己醇和环己酮，反应终止。但是管盘铭、刘汉中课题组通过密度泛函理论研究发现若按此链终止反应进行，反应能垒很高（189kJ/mol），极难发生。通过添加不同的催化剂或助

催化剂（乙酸和乙酸钴）发现，反应产物的类型与加入催化剂的种类密切相关，当为酸性环境（乙酸）时有助于环己酮的形成。因此可以推测反应环境也会影响环己烷最终氧化产物的类型。

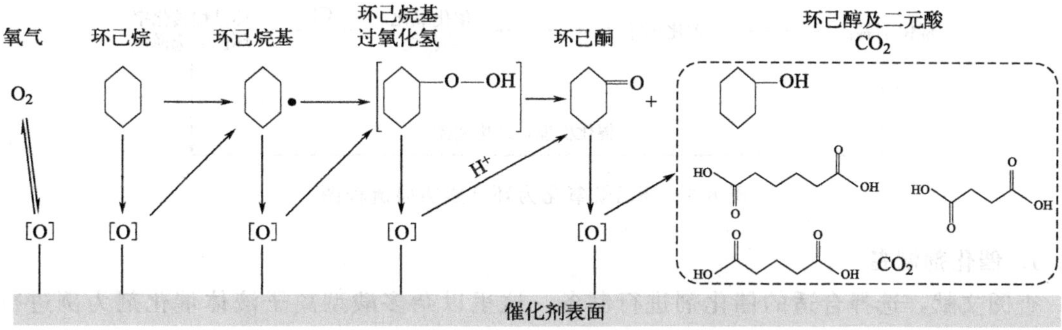

图 6-4　环己烷分子氧选择性氧化反应历程

本实验通过制备高效、绿色、经济易回收的催化剂材料，在分子氧作用下催化氧化环己烷为环己酮，针对制备的催化材料的微观结构、表面极性、疏水性与活性中心进行表征及催化性能测试，研究影响催化剂活性的规律，获取催化剂的构效机制以及相应催化环己烷反应的机理。

三、实验装置

高压釜式反应器 1 台，如图 6-5 所示，氧气钢瓶 1 个。

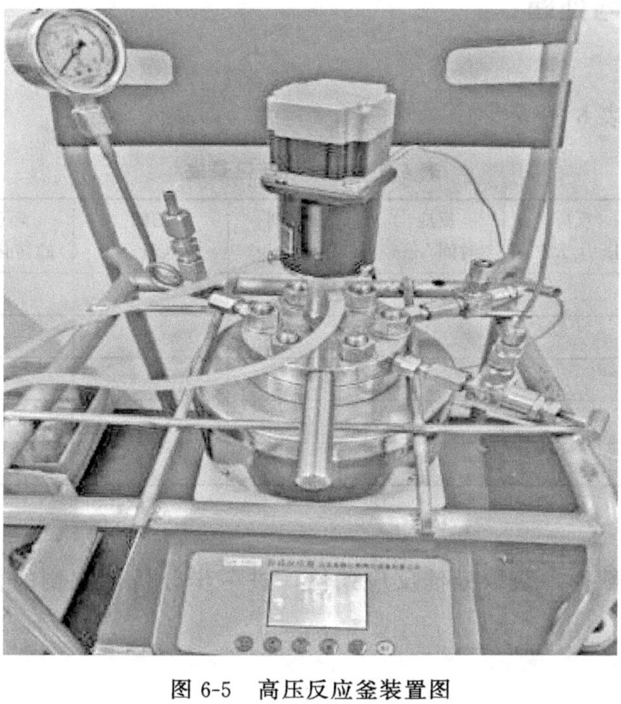

图 6-5　高压反应釜装置图

四、实验步骤

整个实验步骤如图 6-6 所示。

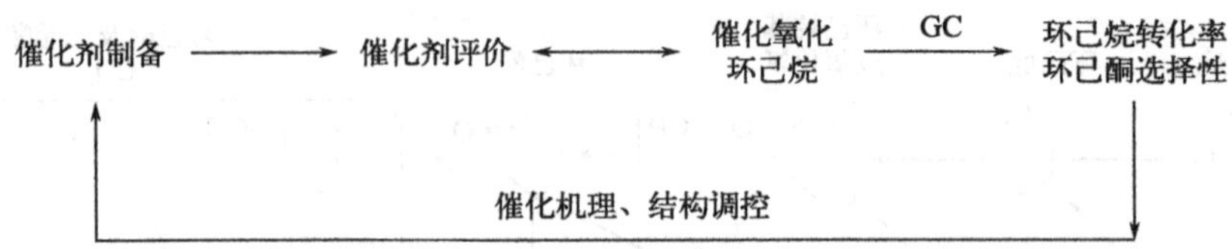

图 6-6　环己烷氧化为环己酮实验流程图

1. 催化剂制备

查阅文献，选择合适的催化剂进行制备。这里以杂多酸型离子液体催化剂为例进行介绍。分别制备杂多酸与离子液体，然后制备不溶性的杂多酸型离子液体催化剂。

2. 催化剂的表征与评价

分别采用 FTIR、XRD、SEM、TEM 等分析测试手段对催化剂进行表征。在一定的温度、压力条件下，加入一定量的杂多酸型离子液体催化剂、乙酸、去离子水、环己烷于高压反应釜中，通入氧气，反应一段时间后用气相色谱分析产物组成，计算环己烷的转化率、环己酮的选择性。

3. 反应影响因素的考察

采用单因素法获取环己烷的最佳反应条件。涉及的因素有反应温度、反应压力、反应时间、催化剂用量、乙酸加入量、催化剂的循环性等。

五、实验数据记录与处理

1. 数据记录

实验数据记录于表 6-3。

表 6-3　实验数据记录表

实验序号	反应温度/℃	反应压力/MPa	反应时间/min	催化剂用量/mg	乙酸加入量/mg	环己烷的转化率/%	环己酮的选择性/%
1							
2							
3							
4							
5							

2. 数据处理

根据记录的实验数据，获取最佳反应条件，进一步分析催化剂的循环催化性能及催化机理。

六、思考题

1. 环己烷氧化为环己酮的反应原理是什么？

2. 环己烷沸点与压力之间的关系是什么？如何求出爆炸极限范围？

七、注意事项

1. 在反应开始升温升压之前应先通入氧气一段时间，排空反应釜内空气。
2. 对于温度过高、压力过高的反应条件，要注意随时观察实验现象，保证实验安全。
3. 实验结束时，要注意降温操作，待反应釜内温度降至室温才可打开高压装置。
4. 拆卸反应装置时要轻拿轻放，保证装置的气密性。

实验三　光催化降解工业废水催化剂的开发

一、实验目的

1. 能阐述光催化反应的机理及光催化降解造纸工业废水的历程。
2. 能使用光催化实验设备进行造纸工业废水降解实验。
3. 能够分析影响实验的因素有哪些，选取性能较好的光催化降解工业废水催化剂。

二、实验原理

1. 光催化反应原理

如图 6-7 所示，生产光催化剂的材料基本都是固体半导体材料，因此又称为半导体光催化，其反应机理可用固体能带理论解释。由固体能带理论，固体材料的能带结构分为价带（VB）、禁带（FB）、导带（CB）三部分，其中在半导体材料中，所有价电子所处的能带是价带，且禁带宽度处于导体与绝缘体之间，因此在一定光照条件下可导电。

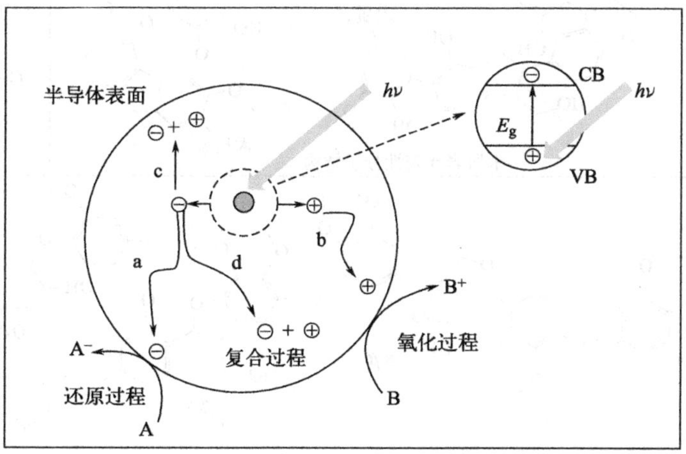

图 6-7　光催化反应原理

光催化过程就是以具有合适禁带宽度和能带电位的半导体为催化剂，以光子能量大于所用催化剂禁带宽度的光作为激发光源，在光照条件下，半导体价带上的电子受到激发，跃迁至导带，在导带中产生电子 e^-，从而使价带（VB）上形成空穴 h^+，形成电子空穴对，具体过程如图 6-7 所示。其中光生空穴 h^+ 具有强氧化性，光生电子 e^- 具有强还原性，两者可形成氧化还原体系。

2. 光催化降解原理

光催化降解是在光照和催化剂两个条件下进行的氧化还原反应。光催化的产生主要有下列 3 个基本过程：① 半导体吸收能量大于禁带宽度的光子后，受到激发产生电子空穴对；② 激发的电子和空穴迁移到半导体颗粒的表面；③ 当能带边缘位置符合某种要求时，光生电子和空穴就会与吸附在表面的 O_2 和 H_2O 等发生作用生成具有强氧化性的自由基（OH· 与 O_2·），或直接和待降解物发生作用，将其转化为 O_2、H_2O 和其他无机物。

3. 光催化降解造纸工业废水

造纸工业废水中含有难以降解的木质素黑液，直接排放会严重危害环境。对木质素进行降解以降低造纸黑液的 COD，同时得到一些有益的小分子化合物，是现阶段科研人员的研发热点。因此如何选择高效、绿色、经济的光催化剂是有效降解木质素的核心问题。

木质素的分子结构和化学键类型如图 6-8 所示，单体之间主要以 β-O-4（约占 60%）、β-β、4-O-5、5-5′等连接。木质素由催化剂选择性断键氧化后，可以得到对羟基苯甲醛、香草醛和丁香醛等芳香醛，以及芳香酮类化合物，木质素本体在氧化的同时若发生解聚则还可生成脂肪酸等化合物，上述氧化后的产物广泛用作香精香料、塑料、杀虫剂等精细化工产品的单体。

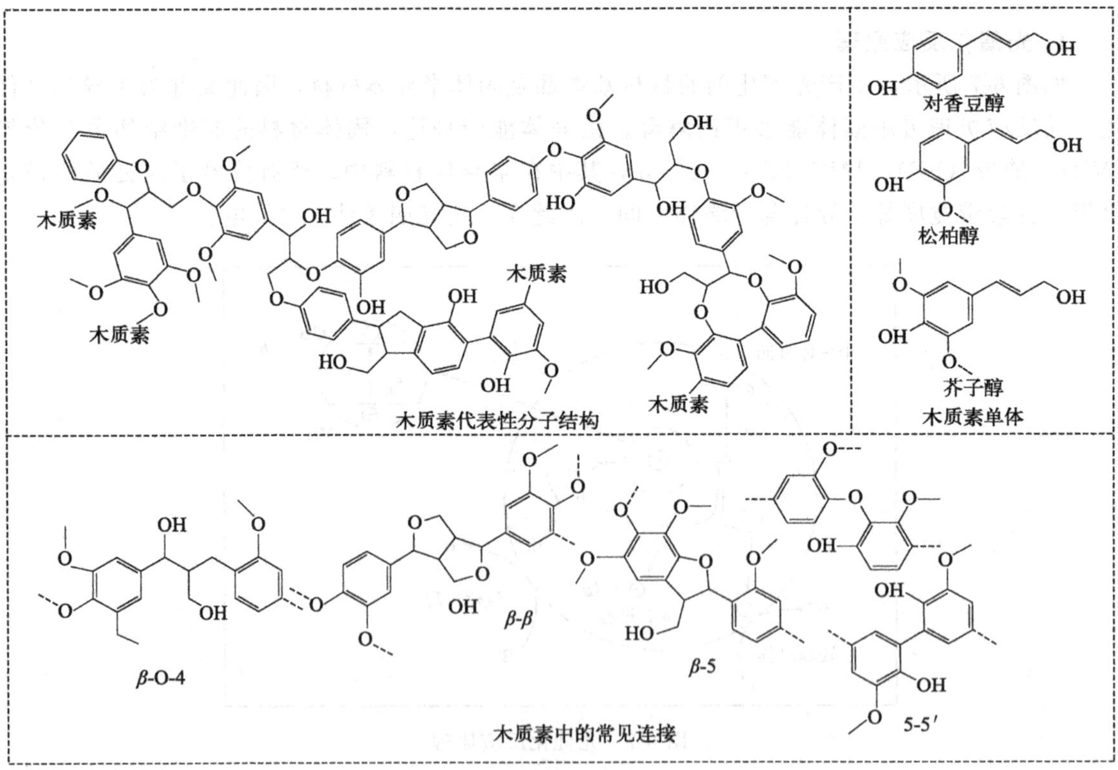

图 6-8 木质素结构图与连接单元图

本实验就是针对光催化氧化降解木质素的催化剂进行研究开发。

三、实验装置

1. 实验装置

本实验主要仪器由光源（中教金源）和恒温磁力搅拌装置组成，如图 6-9 所示。

图 6-9　实验装置图

2. 实验流程

图 6-10 所示为实验流程图，本实验首先需要制备催化剂，然后通过光催化氧化降解木质素进行催化剂性能评价，分析降解后的木质素小分子产物并计算木质素的降解率，以进一步探究催化剂的催化机理，从而对催化剂构效关系进行研究。

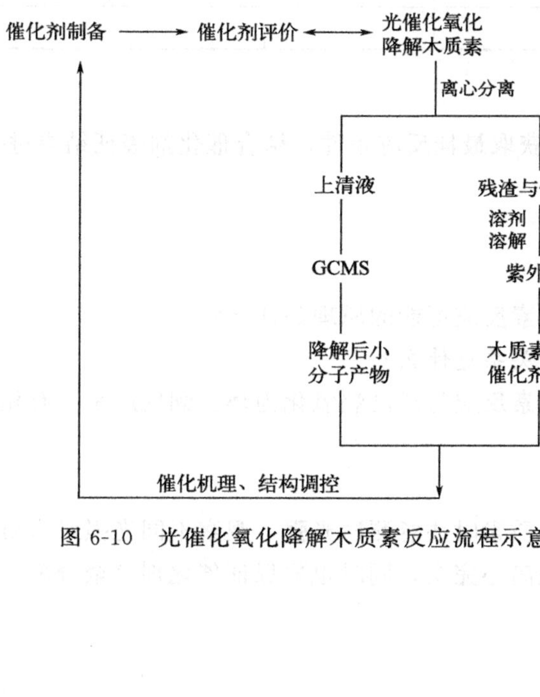

图 6-10　光催化氧化降解木质素反应流程示意图

四、实验步骤

1. 催化剂制备

查阅文献，选择合适的催化剂进行制备。这里以杂多酸型离子液体催化剂为例进行介绍。分别制备杂多酸与离子液体，然后制备不溶性的杂多酸型离子液体催化剂。

2. 催化剂的表征与评价

分别采用 FTIR、XRD、SEM、TEM 等分析测试手段对催化剂进行表征。在常压、较低的温度条件下，将一定量的杂多酸型离子液体催化剂、去离子水、木质素原粉加入光催化反应器中，通入氧气，反应一段时间后离心分离，分别对清液与残渣进行分析，采用气相色谱质谱联用仪分析降解后的产物组成，采用紫外分析残渣浓度，获取木质素的降解率。

3. 反应影响因素的考察

采用单因素法获取光催化氧化降解木质素的最佳反应条件。涉及的因素有反应温度、反应时间、催化剂用量、木质素加入量、催化剂的循环性等。

五、实验数据记录与处理

1. 数据记录

实验数据记录于表 6-4。

表 6-4　实验数据记录表

实验序号	反应温度/℃	反应时间/min	催化剂用量/mg	木质素加入量/mg	木质素的降解率/%	木质素降解后产物类型
1						
2						
3						
4						
5						

2. 数据处理

根据记录的实验数据，获取最佳反应条件，结合催化剂表征结果进一步分析催化剂的循环催化性能及催化机理。

六、思考题

1. 光催化氧化降解木质素反应可能的原理是什么？
2. 光催化剂可能的构效关系是什么？
3. 光催化氧化降解木质素反应与环己烷氧化为环己酮反应是否有相关之处？

七、注意事项

1. 在光催化氧化降解木质素时注意测试光强，观察不同光强对木质素降解效果的影响。
2. 在离心分离时要保证离心完全，同时也要保证催化剂完全分离。

实验四 超级电容器的组装及性能测试

一、实验目的

1. 能够正确表达超级电容器的基本工作原理及特点。
2. 能够正确制作电极片，组装电容器。
3. 能够正确运用电容器的测试方法进行超级电容器的充放电测试，并采集数据。

二、实验原理

1. 电容器的分类

电容器是一种电荷存储器件，按其储存电荷的原理可分为三种：传统静电电容器、双电层电容器和法拉第准电容器。传统静电电容器主要是通过电解质的极化来储存电荷，它的载流子为电子。双电层电容器和法拉第准电容器储存电荷主要是通过电解质离子在电极/溶液界面的聚集或发生氧化还原反应，它们具有比传统静电电容器大得多的比电容量，载流子为电子和离子，因此它们都被称为超级电容器，也称为电化学电容器。

2. 双电层电容器

双电层理论在 19 世纪末由 Helmhotz 等提出。Helmhotz 模型认为金属表面上的净电荷将从溶液中吸收部分不规则的分配离子，使它们在电极/溶液界面的溶液一侧，离电极一定距离排成一排，形成一个电荷数量与电极表面剩余电荷数量相等而符号相反的界面层。于是，在电极上和溶液中就形成了两个电荷层，即双电层。双电层电容器的基本构成如图 6-11 所示，它由一对可极化电极和电解液组成。

双电层由一对理想极化电极组成，即在所施加的电位范围内并不产生法拉第反应，所有聚集的电荷均用于在电极的溶液界面建立双电层。当在两个电极上施加电场后，溶液中的阴、阳离子分别向正、负电极迁移，在电极表面形成双电层；撤销电场后，电极上的正负电荷与溶液中的相反电荷离子相吸引而使双电层稳定，在正负极间产生相对稳定的电位差。当将两极与外电路连通时，电极上的电荷迁移从而在外电路中产生电流，溶液中的离子迁移使溶液呈电中性，这便是双电层电容器的充放电原理。

3. 法拉第准电容器

对于法拉第准电容器而言，其储存电荷的过程不仅包括双电层上的存储，还包括电解液中离子在电极活性物质中发生氧化还原反应后将电荷储存于电极中的过程。对于化学吸脱附过程来说，一般过程为：电解液中的离子（一般为 H^+ 或 OH^-）在外加电场的作用下由溶液中扩散到电极/溶液界面，而后通过界面的电化学反应，进入电极表面活性氧化物的体相中。

$$MO_x + H^+ + e^- \longrightarrow MO_{x-1}(OH) \tag{6-1}$$

由于电极材料采用的是具有较大比表面积的氧化物，这样就会有相当多的电化学反应发生，大量的电荷就被存储在电极中。根据式(6-1)，放电时这些进入氧化物中的离子又会重新返回电解液中，同时所存储的电荷通过外电路释放出来，这就是法拉第准电容器的充放电机理。

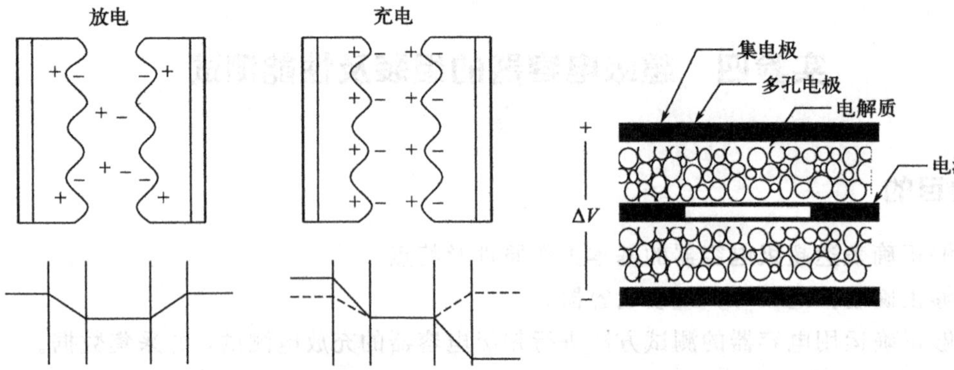

(a) 非充电状态下的电位　(b) 充电状态下的电位　(c) 超级电容器的内部结构

图 6-11　双电层电容器工作原理及结构示意图

在电活性物质中，随着存在法拉第电荷传递化学变化的电化学过程的进行，极化电极上发生欠电位沉积或发生氧化还原反应，充放电行为类似于电容器，而不同于二次电池，不同之处为：①极化电极上的电压与电量几乎呈线性关系；②当电压与时间呈线性关系 $dU/dt=k$ 时，电容器的充放电电流为恒定值。

$$i=c(dU/dt)=ck \tag{6-2}$$

式中，i 为电流，A；U 为电压，V；t 为时间，s；c 为常数。

4. 电容量及等效串联内阻的计算

超级电容器的双电层电容可以用平板电容器模型进行理想等效处理。根据平板电容模型，电容量计算公式为

$$C=\frac{\varepsilon S}{4\pi d} \tag{6-3}$$

式中，C 为电容，F；ε 为介电常数；S 为电极板正对面积，等效双电层有效面积，m^2；d 为电容器两极板之间的距离，等效双电层厚度，m。

利用公式 $dQ=i\,dt$ 和 $C=Q/E$ 得

$$i=\frac{dQ}{dt}=C\frac{dE}{dt} \tag{6-4}$$

式中，A；dQ 为电量微分，C；dt 是时间微分，s；dE 为电位的微分，V。

采用恒流充放电测试方法时，对于超级电容，根据式（6-4）可知，如果电容量 C 为恒定值，那么 dE/dt 将会是一个常数，即电位是随时间线性变化的。也就是说，理想电容器的恒流充放电曲线是一条直线，如图 6-12（a）所示。我们可以利用恒流充放电曲线来计算电极活性物质的比容量 C_m：

$$C_m=\frac{it_d}{m\Delta U} \tag{6-5}$$

式中，t_d 为充/放电时间，s；ΔU 为充/放电电压升高/降低平均值，V，可以利用充放电曲线进行积分计算得到：

$$\Delta U=\frac{1}{t_2-t_1}\int_1^2 U\,dt \tag{6-6}$$

在实际求比电容量时，为了方便计算，常采用 t_2 和 t_1 时的电压差值表示，即：

$$\Delta U = U_2 - U_1 \tag{6-7}$$

注意，对于单电极比体积量，式（6-5）中的 m 为单电极上活性物质的质量；若计算的是电容器的比体积量，m 则为两个电极上活性物质质量的总和。

在实际情况中，由于电容器存在一定的内阻，充放电转换的瞬间会有一个电位的突变 ΔE ，如图 6-12（b）所示。

利用这一突变可计算电极或者电容器的等效串联电阻：

$$R = \Delta E / 2i \tag{6-8}$$

式中，R 为等效串联电阻，Ω 。

等效串联电阻是影响电容器功率特性最直接的因素之一，也是评价电容器大电流充放电性能的一个直接指标。

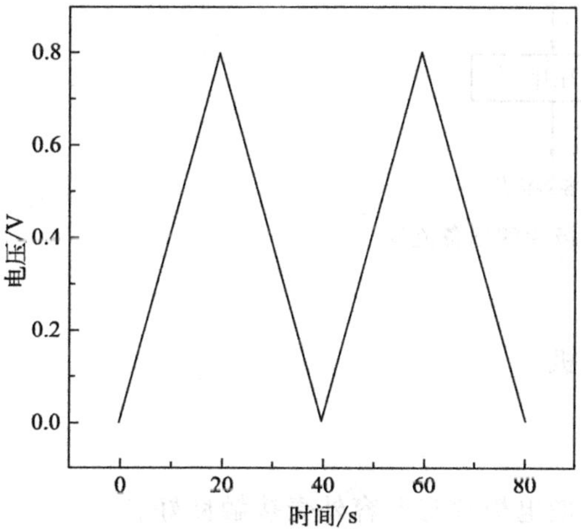

(a) 理想充放电曲线

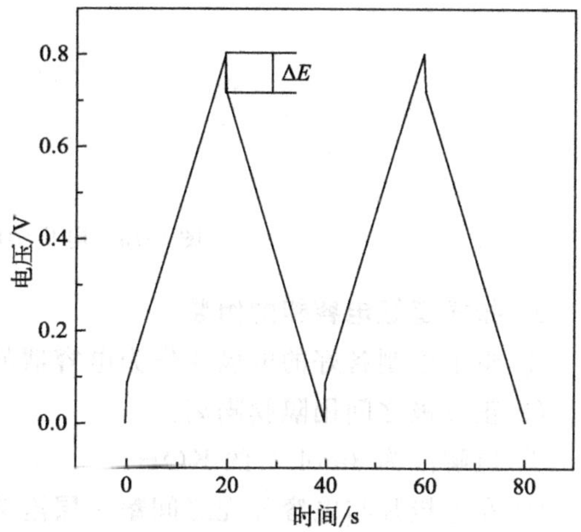

(b) 实际充放电曲线

图 6-12 恒流充放电曲线

三、实验装置

1. 仪器设备

电子天平、真空干燥箱、Land 电池测试系统、压片机、扣式电池封装机、扣式电池钢壳等。

2. 试剂

MnO_2、KOH、泡沫镍、乙炔黑、黏结剂（HPMC）、隔膜、去离子水等。

四、实验步骤

1. 超级电容器电极片的制备

① 按 75∶15∶10（质量比）称取活性物质 MnO_2、导电剂乙炔黑和黏结剂 HPMC，加入适量去离子水，调成浆状。

② 将浆料均匀涂敷于 $\phi=10$mm 的泡沫镍上（已称重）。

③ 真空 120℃ 干燥 1h、压片、称重，备用。

制备工艺流程如图 6-13 所示。

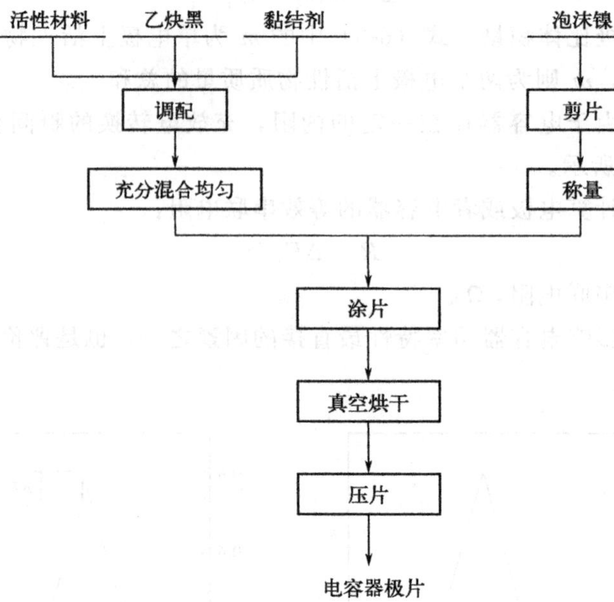

图 6-13　电化学电容器极片的制备流程

2. 扣式超级电容器的组装

① 将 1 中制备好的电极片作为电容器的正负极。

② 正负极之间用隔膜隔离。

③ 电解液为 3mol/L 的 KOH。

④ 在电极片与电容外壳之间垫一层泡沫镍，使电极片与电容外壳接触良好。

⑤ 用封装机把扣式壳封好。

⑥ 具体组装方法如图 6-14、图 6-15 所示。

3. 电化学性能检测

① 把组装好的扣式超级电容器连接到 Land 电池测试仪上。

② 测试在室温下进行。

③ 采用恒电流充放电的方式，设定充放电电流均为 5mA，充放电截止电压为 0～0.8V。

④ 计算电容器的比容量及内阻。

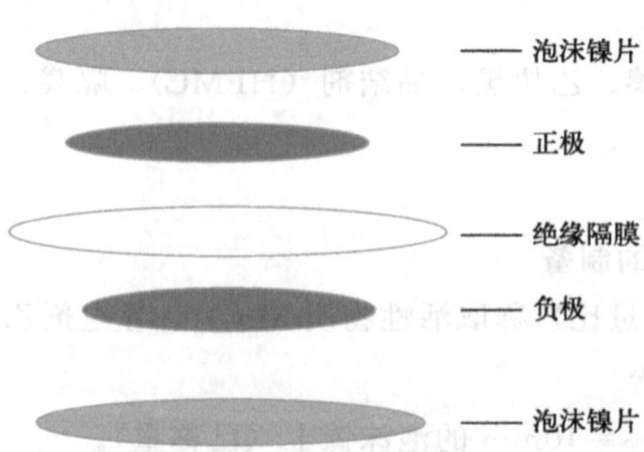

图 6-14　组装扣式电化学电容器的层次图

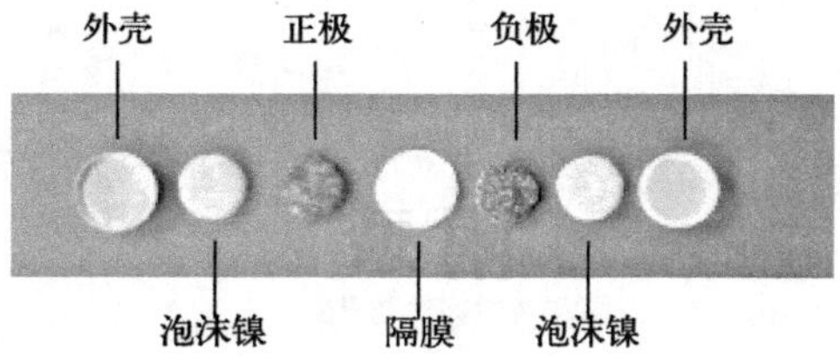

图 6-15 组装扣式电化学电容器的实物图

五、思考题

1. 超级电容器与传统电容器的区别是什么？
2. 影响超级电容器性能的因素有哪些？
3. 如何降低超级电容器的内阻？

附录

附录一　制冷压缩机的温度工况

为了便于比较不同活塞式制冷压缩机的工作性能，我国规定了标准工况、空调工况、最大功率工况和最大压差工况 4 个温度工况，其中标准工况和空调工况可用来比较压缩机的制冷能力，最大工况和最大压差工况则为设计和考核压缩机的机械强度、耐磨寿命、阀片合理性和配用电机的最大功率的指标。

附表 1　制冷压缩机的温度工况

工况	蒸气温度/℃	吸气温度/℃	冷凝温度/℃	再冷温度/℃
标准工况	−15	+15	+30	+25
空调工况	+5	+15	+40	+35
最大功率工况	+10	+15	+50	+50
最大压差工况	−30	±0	+50	+50

附录二　量热器热损失的标定

将量热器与制冷系统的阀门全关闭，接通电加热管电源，供给电能使第二制冷剂蒸发并升压，调节供电量，使第二制冷剂压力稳定于某值，该值所对应的第二制冷剂的饱和温度与环境温度之差不小于 15℃，此时维持供电量，其值波动应在±1%之内，并使第二制冷剂压力相对应的饱和温度的波动不大于±0.5℃，读得电加热量 Q_d。

第二制冷剂量热器热损失系数 K_F 由下式确定：

$$K_F = \frac{Q_d}{t_b - t_a}$$

式中，t_b 为第二制冷剂稳定压力所对应的饱和温度，℃；t_a 为环境温度，℃

从而可利用 K_F 值求得实验条件下第二制冷剂量热器的热损失 ΔQ_l：

$$\Delta Q_l = K_F \times (t_b - t_a)$$

附录三　制冷剂物性参数

附表 2　饱和氟利昂 12 物性表

温度/℃	绝对压力/bar	比体积/(L/kg)		比焓/(kJ/kg)		比潜热/(kJ/kg)	比熵/[kJ/(kg·K)]	
T	p	v'	v''	h'	h''	L	s'	s''
−55	0.300	0.641	492.11	150.70	326.91	176.21	0.7995	1.6072
−50	0.392	0.647	384.11	155.06	329.30	174.24	0.8192	1.6000
−45	0.505	0.653	303.59	159.45	331.69	172.24	0.8386	1.5936
−40	0.642	0.659	242.72	163.85	334.07	170.22	0.8576	1.5877
−35	0.807	0.665	196.12	168.27	336.44	168.17	0.8764	1.5825
−30	1.005	0.672	160.01	172.72	338.80	166.08	0.8948	1.5779
−25	1.237	0.678	131.73	177.20	341.15	163.95	0.9130	1.5737
−20	1.510	0.685	109.34	181.70	343.48	161.78	0.9309	1.5699
−15	1.827	0.693	91.45	186.23	345.78	159.55	0.9485	1.5666
−10	2.193	0.700	77.03	190.78	348.06	157.28	0.9659	1.5636
−9	2.772	0.702	74.49	191.71	348.52	156.81	0.9693	1.5630
−8	2.354	0.703	72.05	192.62	348.97	156.35	0.9728	1.5625
−7	2.437	0.705	69.70	193.54	349.42	155.88	0.9762	1.5619
−6	2.523	0.706	67.46	194.46	349.87	155.41	0.9796	1.5614
−5	2.612	0.708	65.29	195.38	350.32	154.94	0.9830	1.5609
−4	2.702	0.710	63.22	196.30	350.76	154.46	0.9865	1.5604
−3	2.795	0.711	61.22	197.22	351.21	153.99	0.9899	1.5599
−2	2.891	0.713	59.30	198.15	351.65	153.50	0.9932	1.5594
−1	2.898	0.715	57.45	199.07	352.09	153.02	0.9966	1.5589
0	3.089	0.716	55.68	200.00	352.54	152.54	1.0000	1.5584
1	3.192	0.718	53.97	200.92	352.97	152.05	1.0034	1.5580
2	3.297	0.720	52.32	201.86	353.41	151.55	1.0067	1.5575
3	3.405	0.721	50.74	202.79	353.85	151.06	1.0101	1.5571
4	3.516	0.723	49.74	203.72	354.28	150.56	1.0134	1.5567
5	3.629	0.725	49.21	204.66	354.72	150.06	1.0168	1.5563

续表

温度/℃	绝对压力/bar	比体积/(L/kg)		比焓/(kJ/kg)		比潜热/(kJ/kg)	比熵/[kJ/(kg·K)]	
6	3.745	0.727	46.32	205.59	355.15	149.56	1.0201	1.5559
7	3.865	0.728	44.95	206.53	355.58	149.05	1.0234	1.5555
8	3.986	0.730	43.63	207.47	356.01	148.54	1.0267	1.5551
9	4.111	0.732	42.36	208.42	356.44	148.02	1.0300	1.5547
10	4.238	0.734	41.13	209.35	356.86	147.51	1.0333	1.5543
12	4.502	0.738	38.80	211.25	357.71	146.46	1.0399	1.5536
14	4.778	0.741	36.63	213.14	358.54	145.40	1.0465	1.5529
16	5.067	0.745	34.81	215.05	359.37	144.32	1.0530	1.5522
18	5.368	0.749	32.71	216.97	360.20	143.23	1.0595	1.5515
20	5.682	0.753	30.94	218.88	361.01	142.13	1.0660	1.5509
22	6.011	0.757	29.29	220.81	361.81	141.00	1.0725	1.5502
24	6.352	0.762	27.73	222.75	362.61	139.86	1.0790	1.5496
26	6.709	0.766	26.28	224.69	363.39	138.70	1.0854	1.5491
28	7.080	0.770	24.91	226.65	364.17	137.52	1.0918	1.5485
30	7.465	0.775	23.63	228.62	364.94	136.32	1.0982	1.5479
32	7.867	0.779	22.42	230.59	365.69	135.10	1.1046	1.5474
34	8.284	0.784	21.29	232.59	366.44	133.85	1.1110	1.5468
36	8.717	0.789	20.22	234.59	367.17	132.58	1.1174	1.5463
38	9.167	0.794	19.21	236.60	367.80	131.29	1.1238	1.5457
40	9.634	0.799	18.26	238.62	368.60	129.98	1.1301	1.5452
42	10.118	0.804	17.36	240.68	369.29	128.63	1.1365	1.5447
44	10.620	0.810	16.52	242.71	369.97	127.26	1.1429	1.5441
46	11.140	0.815	15.72	244.78	370.64	125.86	1.1492	1.5436
48	11.679	0.821	14.96	246.86	371.29	124.43	1.1556	1.5431
50	12.236	0.827	14.24	248.96	371.92	122.96	1.1620	1.5425

注：1bar=100kPa。

附表3　饱和氟利昂22物性表

温度 T/℃	绝对压力 p/MPa	密度 ρ/(kg/m^3)	比体积 v/(m^3/kg)	比焓 H/(kJ/kg)		比熵 S/[kJ/(kg·℃)]		比热容 c_p/[kJ/(kg·℃)]	
		液体	气体	液体	气体	液体	气体	液体	气体
−100.0	0.00201	1571.3	8.2660	90.71	358.97	0.5050	2.0543	1.061	0.497
−90.00	0.00481	1544.9	3.6448	101.32	363.85	0.5646	1.9980	1.061	0.512
−80.00	0.01037	1518.2	1.7782	111.94	368.77	0.6210	1.9508	1.062	0.528
−70.00	0.02047	1491.2	0.94342	122.58	373.70	0.6747	1.9108	1.065	0.545
−60.00	0.03750	1463.7	0.53680	133.27	378.59	0.7260	1.8770	1.071	0.564

续表

温度 T/℃	绝对压力 p/MPa	密度 ρ/(kg/m³)	比体积 v/(m³/kg)	比焓 H/(kJ/kg)		比熵 S/[kJ/(kg·℃)]		比热容 c_p/[kJ/(kg·℃)]	
		液体	气体	液体	气体	液体	气体	液体	气体
-50.00	0.06453	1435.6	0.32385	144.03	383.42	0.7752	1.8480	1.079	0.585
-48.00	0.07145	1429.9	0.29453	146.19	384.37	0.7849	1.8428	1.081	0.589
-46.00	0.07894	1424.2	0.26837	148.36	385.32	0.7944	1.8376	1.083	0.594
-44.00	0.08705	1418.4	0.24498	150.53	386.26	0.8039	1.8327	1.086	0.599
-42.00	0.09580	1412.6	0.22402	152.70	387.20	0.8134	1.8278	1.088	0.603
-40.81[1]	0.10132	1409.2	0.21260	154.00	387.75	0.8189	1.8250	1.090	0.606
-40.00	0.10523	1406.8	0.20521	154.89	388.13	0.8227	1.8231	1.091	0.608
-38.00	0.11538	1401.0	0.18829	157.07	389.06	0.8320	1.8186	1.093	0.613
-36.00	0.12628	1395.1	0.17304	159.27	389.97	0.8413	1.8141	1.096	0.619
-34.00	0.13797	1389.1	0.15927	161.47	390.89	0.8505	1.8098	1.099	0.624
-32.00	0.15050	1383.2	0.14682	163.67	391.79	0.8596	1.8056	1.102	0.629
-30.00	0.16389	1377.2	0.13553	165.88	392.69	0.8687	1.8015	1.105	0.635
-28.00	0.17819	1371.1	0.12528	168.10	393.58	0.8778	1.7975	1.108	0.641
-26.00	0.19344	1365.0	0.11597	170.33	394.47	0.8868	1.7937	1.112	0.646
-24.00	0.20968	1358.9	0.10749	172.56	395.34	0.8957	1.7899	1.115	0.653
-22.00	0.22696	1352.7	0.09975	174.80	396.21	0.9046	1.7862	1.119	0.659
-20.00	0.24531	1346.5	0.09268	177.04	397.06	0.9135	1.7826	1.123	0.665
-18.00	0.26479	1340.3	0.08621	179.30	397.91	0.9223	1.7791	1.127	0.672
-16.00	0.28543	1334.0	0.08029	181.56	398.75	0.9331	1.7757	1.131	0.678
14.00	0.30728	1327.6	0.07485	183.83	399.57	0.9398	1.7723	1.135	0.685
-12.00	0.33038	1321.2	0.06986	186.11	400.39	0.9485	1.7690	1.139	0.692
-10.00	0.35479	1314.7	0.06527	188.40	401.20	0.9572	1.7658	1.144	0.699
-8.00	0.38054	1308.2	0.06103	190.70	401.99	0.9658	1.7627	1.149	0.707
-6.00	0.40769	1301.6	0.05713	193.01	402.77	0.9744	1.7596	1.154	0.715
-4.00	0.43628	1295.0	0.05352	195.33	403.55	0.9830	1.7566	1.159	0.722
-2.00	0.46626	1288.3	0.05019	197.66	404.30	0.9915	1.7536	1.164	0.731
0.00	0.49799	1281.5	0.04710	200.00	405.05	1.0000	1.7507	1.169	0.739
2.00	0.53120	1274.7	0.04424	202.35	405.78	1.0085	1.7478	1.175	0.748
4.00	0.56605	1267.8	0.04159	204.71	406.50	1.0169	1.7450	1.181	0.757
6.00	0.60259	1260.8	0.03913	207.09	407.20	1.0254	1.7422	1.187	0.766
8.00	0.64088	1253.8	0.03683	209.47	407.89	1.0338	1.7395	1.193	0.775
10.00	0.68095	1246.7	0.03470	211.87	408.56	1.0422	1.7368	1.199	0.785
12.00	0.72286	1239.5	0.03271	214.28	409.21	1.0505	1.7341	1.206	0.795
14.00	0.76668	1232.2	0.03086	216.70	409.85	1.0589	1.7315	1.213	0.806
16.00	0.81244	1224.9	0.02912	219.14	410.47	1.0672	1.7289	1.220	0.817
18.00	0.86020	1217.4	0.02750	221.59	411.07	1.0755	1.7263	1.228	0.828
20.00	0.91002	1209.9	0.02599	224.06	411.66	1.0838	1.7238	1.236	0.840
22.00	0.96195	1202.3	0.02457	226.54	412.22	1.0921	1.7212	1.244	0.853
24.00	1.0160	1194.6	0.02324	229.04	412.77	1.1004	1.7187	1.252	0.866
26.00	1.0724	1186.7	0.02199	231.55	413.29	1.1086	1.7162	1.261	0.879

续表

温度 T/℃	绝对压力 p/MPa	密度 ρ/(kg/m³)	比体积 v/(m³/kg)	比焓 H/(kJ/kg)		比熵 S/[kJ/(kg·℃)]		比热容 c_p/[kJ/(kg·℃)]	
		液体	气体	液体	气体	液体	气体	液体	气体
28.00	1.1309	1178.8	0.02082	234.08	413.79	1.1169	1.7136	1.271	0.893
30.00	1.1919	1170.7	0.01972	236.62	414.26	1.1252	1.7111	1.281	0.908
32.00	1.2552	1162.6	0.01869	239.19	414.71	1.1334	1.7086	1.291	0.924
34.00	1.3210	1154.3	0.01771	241.77	415.14	1.1417	1.7061	1.302	0.940
36.00	1.3892	1145.8	0.01679	244.38	415.54	1.1499	1.7036	1.314	0.957
38.00	1.4601	1137.3	0.01593	247.00	415.91	1.1582	1.7010	1.326	0.967
40.00	1.5336	1128.5	0.01511	249.65	416.25	1.1665	1.6985	1.339	0.995
42.00	1.6098	1119.6	0.01433	252.32	416.55	1.1747	1.6959	1.353	1.015
44.00	1.6887	1110.6	0.01360	255.01	416.83	1.1830	1.6933	1.368	1.037
46.00	1.7704	1101.4	0.01291	257.73	417.07	1.1913	1.6906	1.384	1.061
48.00	1.8551	1091.9	0.01226	260.47	417.27	1.1997	1.6879	1.401	1.086
50.00	1.9427	1082.3	0.01163	263.25	417.44	1.2080	1.6852	1.419	1.113
52.00	2.0333	1072.4	0.01104	266.05	417.56	1.2164	1.6824	1.439	1.142
54.00	2.1270	1062.3	0.01048	268.89	417.63	1.2248	1.6795	1.461	1.173
56.00	2.2239	1052.0	0.00995	271.76	417.66	1.2333	1.6766	1.485	1.208
58.00	2.3240	1041.3	0.00944	274.66	417.63	1.2418	1.6736	1.511	1.246
60.00	2.4275	1030.4	0.00896	277.61	417.55	1.2504	1.6705	1.539	1.287
65.00	2.7012	1001.4	0.00785	285.18	417.06	1.2722	1.6622	1.626	1.413
70.00	2.9974	969.7	0.00685	293.10	416.09	1.2945	1.6529	1.743	1.584
75.00	3.3177	934.4	0.00595	301.46	414.49	1.3177	1.6424	1.913	1.832
80.00	3.6638	893.7	0.00512	310.44	412.01	1.3423	1.6299	2.181	2.231
85.00	4.0378	844.8	0.00434	320.28	408.19	1.3690	1.6142	2.682	2.984
90.00	4.4423	780.1	0.00356	332.09	401.87	1.4001	1.5922	3.981	4.975
95.00	4.8824	662.9	0.00262	349.56	387.28	1.4462	1.5486	17.31	25.29
96.15②	4.9900	523.8	0.00191	366.90	366.90	1.4927	1.4927	∞	∞

① 1atm 下的沸点。

② 临界点。

附录四　R22 制冷剂压焓图

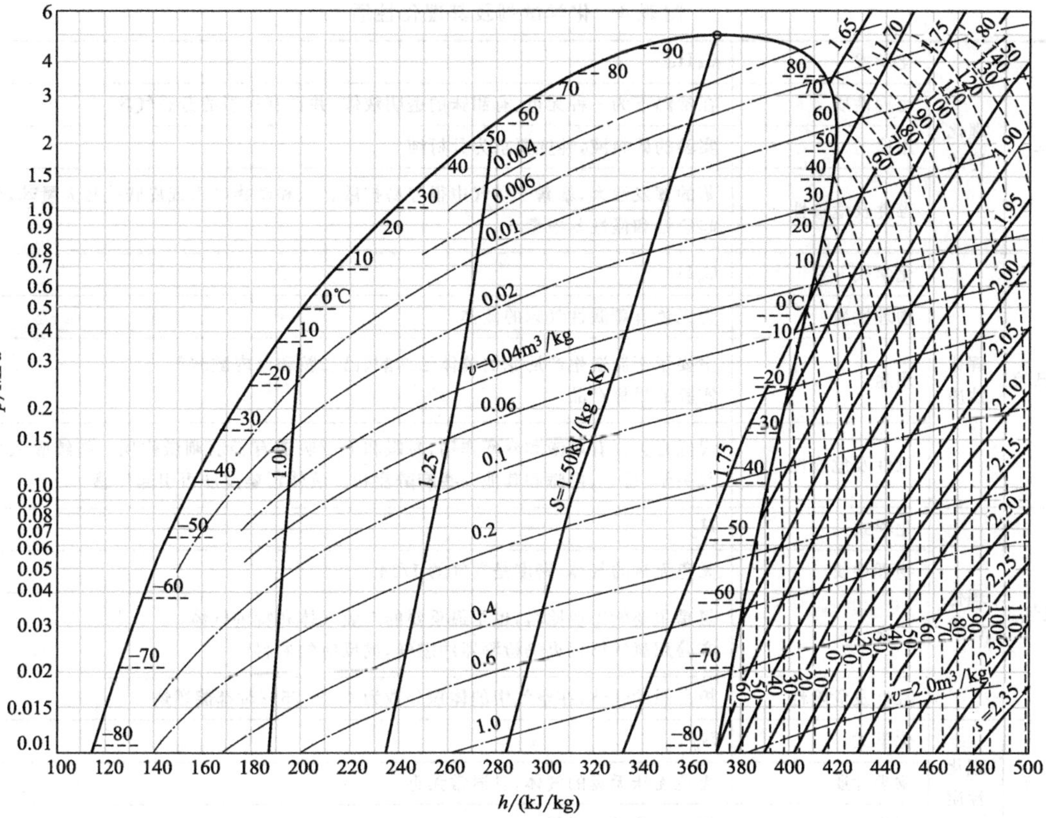

附图 1　R22 制冷剂压焓图

附录五　化学试剂及其理化性质

附表 4　化学试剂及其理化性质

<table>
<tr><td rowspan="4">苯</td><td rowspan="4">理化性质</td><td>化学式</td><td>C_6H_6</td></tr>
<tr><td>物理性质</td><td>在常温下为一种无色、有甜味的透明液体，并具有强烈的芳香气味</td></tr>
<tr><td>用途</td><td>实验的原料液，纯度要求为分析纯</td></tr>
<tr><td>毒性及危险性</td><td>苯的挥发性大，暴露于空气中很容易扩散。人和动物吸入或皮肤接触大量苯，会引起急性和慢性苯中毒</td></tr>
<tr><td rowspan="4">环己烷</td><td rowspan="4">理化性质</td><td>化学式</td><td>C_6H_{12}</td></tr>
<tr><td>物理性质</td><td>为无色有刺激性气味的液体</td></tr>
<tr><td>用途</td><td>主要用于制造生产尼龙的单体己二酸、己二胺和己内酰胺等
实验的目标产品</td></tr>
<tr><td>毒性及危险性</td><td>属低毒类。有刺激和麻醉作用，对眼和上呼吸道有轻度刺激作用。持续吸入可引起头晕、恶心、倦睡和其他一些麻醉症状。液体污染皮肤可引起痒感</td></tr>
<tr><td rowspan="4">氢气</td><td rowspan="4">理化性质</td><td>化学式</td><td>H_2</td></tr>
<tr><td>物理性质</td><td>无色无味的气体，密度是空气的 1/14</td></tr>
<tr><td>用途</td><td>氢是主要的工业原料，也是最重要的工业气体和特种气体，
实验用氢气做氢火焰检测器的燃气，或反应的原料气</td></tr>
<tr><td>毒性及危险性</td><td>极易燃的气体，在空气中的体积分数为 4%～75%时都能燃烧</td></tr>
<tr><td rowspan="3">氮气</td><td rowspan="3">理化性质</td><td>化学式</td><td>N_2</td></tr>
<tr><td>物理性质</td><td>无色无味无臭的气体，且通常无毒</td></tr>
<tr><td>用途</td><td>做气相色谱的载气</td></tr>
</table>

参考文献

［1］ 胡浩斌，李惠成，武芸．化工专业实验［M］．天津：天津大学出版社，2017.

［2］ 周晨亮，赫文秀．化工专业综合实验［M］．北京：化学工业出版社，2018.

［3］ 郭绪强．化工实验综合教程［M］．北京：中国石化出版社，2017.

［4］ 张震，张德聪．实验设计与数据评价［M］．广州：华南理工大学出版社，2014.

［5］ 徐文峰，廖晓玲．实验设计与数据处理——理论与实战［M］．北京：冶金工业出版社，2019.

［6］ 孙培勤，孙绍晖．实验设计数据处理与计算机模拟［M］．北京：中国石化出版社，2018.

［7］ 陈卫华．实验室安全风险控制与管理［M］．北京：化学工业出版社，2017.

［8］ 顾小焱．化学实验室安全管理［M］．北京：科学技术文献出版社，2017.

［9］ 敖天其，廖林川．实验室安全与环境保护［M］．成都：四川大学出版社，2015.

［10］ 冯新，宣爱国，周彩荣．化工热力学［M］．2版．北京：化学工业出版社，2019.

［11］ 乐清华，徐菊美．化学工程与工艺专业实验［M］．3版．北京：化学工业出版社，2018.

［12］ 杨世芳．化工分离工程实验［M］．北京：科学出版社，2017.

［13］ 刘家祺．传质分离过程［M］．2版．北京：高等教育出版社，2014.

［14］ 叶庆国，陶旭梅，徐东彦．分离工程［M］．2版．北京：化学工业出版社，2017.

［15］ Liu P，Youa K，Deng R，et al. Hydrotalcite-derived Co-MgAlO mixed metal oxides as efficient and stable catalyst for the solvent-free selective oxidation of cyclohexane with molecular oxygen［J］. Molecular Catalysis，2019，466：130-137.

［16］ Yuan E，Liu H，Tao Y，et al. Density functional theory study of selective aerobic oxidation of cyclohexane：the roles of acetic acid and cobalt ion［J］. Journal of Molecular Modeling，2019，25（3）：71.

［17］ Sun Z，Fridric B，De Santi A，et al. Bright side of lignin depolymerization：toward new platform chemicals［J］. Chemical Reviews，2018，118（2）：614-678.

［18］ Suzuki H，Cao J，Jin F. et al. Wet oxidation of lignin model compounds and acetic acid production［J］. Journal of Materials Science，2006，41（5）：1591-1597.

［19］ Bernasconi M，Müller M-A，Pfaltz A. Asymmetric hydrogenation of maleic acid diesters and anhydrides［J］. Angewandte Chemie International Edition，2014，53（21）：5385-5388.

［20］ Vangeel T，Schutyser Wouter，Renders T，et al. Perspective on lignin oxidation：advances，challenges，and future directions［J］. Topics in Current Chemistry，2018，376（4）：30.

